WESTEND

Timm Koch

Das Feuer des Wassers

Wasserstoff jetzt!
Die Lösung unseres Energieproblems

WESTEND

Mehr über unsere Autoren und Bücher:
www.westendverlag.de

Die Deutsche Nationalbibliothek verzeichnet diese Publikation in der Deutschen Nationalbibliografie; detaillierte bibliografische Daten sind im Internet über http://dnb.d-nb.de abrufbar.

MIX
Papier | Fördert gute Waldnutzung
FSC® C083411
FSC www.fsc.org

ISBN: 978-3-86489-916-4
1. Auflage 2022

Umschlaggestaltung: Buchgut, Berlin
Satz: Publikations Atelier, Dreieich
Druck und Bindung: CPI – Clausen & Bosse, Leck
Printed in Germany

Inhalt

Die Wasserstoffrevolution

»Wir bauen mit Hochdruck die erneuerbaren Energien aus – von Solar über Wind bis zu Wasserstoff.«

Ursula von der Leyen

Die Wasserstoffrevolution hat begonnen. Grüner Wasserstoff als breit eingesetzter Energiestoff wird kommen. Es ist keine Frage mehr des Ob, sondern nur noch des Wie. Welche Auswirkungen diese technische Umwälzung des Energiesektors auf unser aller Leben haben wird, werden die nächsten Jahrzehnte zeigen. Wer die Kraft des Windes und der Sonne erntet und in Form von Wasserstoff konserviert, der hält das irdische Perpetuum mobile in den Händen. Entlang der unterschiedlichen Facetten moderner, grüner Wasserstofftechnologie lässt sich unser kompletter Verkehr sauber machen, lässt sich Stahl schmelzen und Kunstdünger herstellen, lassen sich Gebäude beheizen und grundlastfähige Kraftwerke ebenso betreiben wie Handys, E-Bikes, Autos, Lokomotiven oder Laptops. Es ist sowohl mit fliegenden Autos, die Wasserstoff im Tank haben, zu rechnen sowie mit einer Neuerfindung des Zeppelins, welche das Zeug dazu hat Containerschiffe nebst einem großen Teil der LKW-Flotte überflüssig zu machen. Auch die klassische Luftfahrt wird demnächst Wasserstoff im Tank haben, um damit entweder eine Brennstoffzelle zum Propellervortrieb zu betreiben oder ihn einfach in der Düse zu verbrennen wie heutzutage Kerosin. Diese neuen H_2-Technologien werden sich allein deshalb durchsetzen, weil sie den herkömmlichen gegenüber technisch überlegen sind. So wie die Verbrenner die Dampfmaschine verdrängt haben, wird Wasserstoff die Verbrenner verdrängen. Auch Atomkraft dürfte zukünftig noch überflüssiger werden als Energielieferant, wenngleich sie ihre Bedeutung für den Bombenbau natürlich behalten wird. Die moderne Batterietechnik auf der anderen Seite wird den Wasserstoffboom sicherlich eine Weile begleiten. Am Ende wird aber auch sie scheitern an folgenden Faktoren: zu schwer, Recycling zu aufwendig, Rohstoffe – wie die seltenen Erden – zu wenig verfügbar, durch lange Ladezeiten zu wenig benutzerfreundlich, nicht geeignet, wirklich große Energiemengen zu transportieren, und zudem gefährlich. Die »Felicity Ace«, die am 1. März 2022 mit rund 4000 Autos an Bord vor den Azoren sank, weil sich auf hoher See die Akkus der Fahrzeuge entzündet hatten, lässt grüßen.[1]

Vor diesem Hintergrund erscheint ein Diktator, wie der noch öfter zu erwähnende Wladimir Putin, der die Volkswirtschaft des riesigen Russlands fast ausschließlich auf die Ausbeutung fossiler Energien ausgerichtet hat und dabei sehenden Auges den Sprung auf den Wasserstoffzug verpasst, geradezu als tragische Gestalt von schwerfälligem Verstand. Im Jahr 1848 schossen in Kripp am Rhein die Treidler mit Kanonen und Gewehren auf die ersten Dampfschiffe, weil diese das Geschäftsmodell, Schiffe per Muskelkraft von Pferden, Rindern und auch Menschen den Fluss hinauf zu schinden, obsolet gemacht hatten. 2022 schießen russische Kanonen die Ukraine zu Trümmern, die noch vor kurzem als einer der zukünftigen Hauptlieferanten von grünem Wasserstoff für die Europäische Union galt.[2] Die putinschen Kanonen werden am Ende die Wasserstoffrevolution ebenso wenig stoppen können wie damals die Kanonen der Treidler die Dampfmaschine.

Klima, Krieg und Biodiversität

»There is no planet B.«

Emmanuel Macron

Sicherlich hilft die sogenannte »Klimakrise«, beim Thema Wasserstoff, die Dinge zu beschleunigen. In Wahrheit ist sie nur ein Faktor von vielen im Spiel um unsere Technologie der Zukunft. Dennoch will ich ihr ein paar Gedanken widmen, schließlich ist die Klimadiskussion in der täglichen Berichterstattung geradezu omnipräsent, wird zunehmend dogmatisch und ideologisch geführt beziehungsweise als Mittel der Propaganda missbraucht, um Dinge durchzusetzen, die wenig bis gar nichts dazu beitragen, den kommenden Generationen einen lebenswerten Planeten zu hinterlassen beziehungsweise sogar eindeutig kontraproduktiv sind. Später werden wir diesen Sachverhalt etwas genauer betrachten. Beginnen möchte ich an dieser Stelle mit einem Blick in die jüngere Vergangenheit.

Wir schreiben den August 2018. Es ist Sommer. Der deutsche Astronaut Alexander Gerst kreist mit der internationalen Raumstation ISS in rund vierhundert Kilometern Höhe über unserem Planeten. Von dort oben schickt Alex eine Aufnahme Mitteleuropas zu uns herunter. Sie zeigt ausgedorrte, ockerfarbene Landschaften, wo eigentlich grün die vorherrschende Färbung sein sollte. Seit April hält eine nie dagewesene Hitzewelle unseren Weltenteil im Griff. Gleichzeitig ist noch nie, seit Beginn der Aufzeichnungen vor 137 Jahren, so wenig Regen gefallen wie in diesem Zeitraum.

Während sich meine Frau über den fantastischen Sommer freut, befülle ich Kanister und Gießkannen mit teurem Leitungswasser, das ich mit meinem Handwagen zu unserem Gartengrundstück karre, um unsere Tomaten- und Stangenbohnenernte zu retten. Längst enthalten die Regentonnen nur noch Staub und Steine. Bei 38° Celsius im Schatten kippe ich schwitzend das kostbare Nass auf den ausgedorrten Boden und betrachte traurig den mageren Lohn meiner Mühen. Die Tomaten sind zwar süß, aber der Behang ist gering. Unser kleines Tomatenfeld liegt direkt neben unseren Bienenbeuten. Die Helden meines ersten Sachbuchs sollten um diese Jahreszeit emsig umherschwirren und sich um ihre Wintervorräte an Honig kümmern.[1] Es ist jedoch kaum Flugbetrieb zu beobachten. Während die Wächterbienen fast schon apathisch vor dem Flugloch herumlungern, wird im Inneren der Bienenbehausungen verzweifelt wertvolle Energie verbraucht, um mittels Fächeln die Waben zu kühlen, damit das Wachs nicht schmilzt und die Brut nicht verdirbt. Gleichzeitig gibt es kaum etwas für die Insekten zu essen. Die letzte lohnende Tracht, die Goldrute, lässt verdorrt die nektarlosen Blüten hängen.

Drei Jahre später, im Sommer 2021, liegt das Problem genau entgegengesetzt gelagert. Heftiger Dauerregen wäscht nicht nur die Lindenblüte zu Boden. Die Bienen hungern, während Leichen von Mensch und Tier, neben Öllachen aus leckenden Heizöltanks und Debris aus allerlei Hausrat, in verheerenden Hochwassern die Ahr und den Rhein hinabtreiben. Allmählich dürfte den meisten Menschen klar sein: Das Wetter spielt verrückt und vieles deutet darauf hin, dass der Mensch hierbei seine Finger im Spiel hat.

Der Mensch hat ein gewaltiges Feuer entzündet, das zu löschen immer schwieriger wird. Dabei können wir grob zwischen zwei Arten von Feuer unterscheiden. Das eine brennt in den Heizungsanlagen unserer Häuser, in den Verbrennungsmotoren von Autos, Flugzeugen und Schiffen und in den Öfen der Stahl-, Zement- und Glasindustrie. Dieses gebändigte Feuer verzehrt hauptsächlich fossile Energieträger wie Kohle, Erdöl oder Gas, die der Mensch dem Bauch der Erde entreißt. Das andere, das offene Feuer, lodert hauptsächlich durch die Wälder der Erde. Waldbrände in Südeuropa, Kalifornien und Australien sind nichts Neues. 2018 und 2022 gehen allerdings auch in Schweden und sogar in Deutschland Bäume und Sträucher infolge der anhaltenden Dürre in Flammen auf. In den tropischen Ländern Afrikas,

Südamerikas und Asiens hingegen brennen die Sauerstofffabriken und Kohlendioxidspeicher, damit an ihrer Stelle Ackerland entsteht. Nicht selten werden auf diesem dann Ölpalmen und Zuckerrohr für »Bio«-Diesel und »Bio«-Sprit angebaut, die dann wiederum in Verbrennungsmotoren landen. Diesen Irrsinn verkaufen Politiker der Öffentlichkeit in beispiellosem Zynismus als Maßnahmen zur Rettung des Klimas. Ein Beispiel: 2008 unterzeichnete die damalige Kanzlerin Angela Merkel zu diesem Zwecke mit dem damaligen brasilianischen Staatschef Lula da Silva das deutsch-brasilianische Energieabkommen. Knapp drei Jahre später, 2011, kam das Zuckerrohrethanol in Form von E10 als bis zu zehnprozentige Beimischung zum normalen Benzin auf den deutschen Markt. Scheinheilig wird dem heutigen brasilianischen Präsidenten Jair Bolsonaro das Abholzen des Amazonasregenwalds vorgeworfen, während ihm gleichzeitig ein gigantischer Markt für seine Agrarprodukte geboten wird; vor allem Zuckerrohr und Soja gehen in die sogenannte »energetische Verwertung« – zum Wohle des Klimas, versteht sich.

Die Chemieindustrie freut sich über solche Entwicklungen. Die Nachfrage nach Kunstdünger, Saatgut und Pestiziden steigt. Konzerne wie Syngenta, Bayer/Monsanto, BASF und Co. haben ihre Liebe für das Klima entdeckt und stellen die giftigen Duschen bereit, die dann über die genmanipulierten Soja- und Zuckerrohrwüsten niedergehen auf Flächen, auf denen sich gestern noch Ara und Jaguar gute Nacht gesagt haben.

Die Liste der Verfehlungen in der internationalen Klimapolitik ist lang, noch länger die Liste des darin verstrickten Personenkreises aus Politik und Wirtschaft. Dennoch verdient Angela Merkel als historische Person an dieser Stelle eine besondere Erwähnung, ließ sie sich doch lange Zeit als »Klimakanzlerin« feiern. Bereits heute darf wohl davon ausgegangen werden, dass ihr klimapolitisches Engagement nichts weiter war als ein schmutziger propagandistischer Trick, in dessen Schatten die zwar lobbyfreudigen, aber in vielerlei Hinsicht schädlichen Industrien weiter ungestört ihre zerstörerische Tätigkeit entfalten konnten. So ließ sie sich im Sommer 2007 anlässlich einer Grönlandreise öffentlichkeitswirksam vor schmelzenden Eisbergen fotografieren, während im Hintergrund die Beimischungspflicht der absolut umweltschädlichen »Bio«-Kraftstoffe gesetzlich festgezurrt wurde – ein unerhörtes Geschenk an die Agrarmultis und ein Desaster für Grundwasser, Artenschutz und die Gesundheit der Landbevölkerung.[2]

Angesichts solcher »Klimafreunde« lohnt es sich, die Klimakrise einmal etwas genauer unter die Lupe zu nehmen. Eine Sache dürfte klar sein: Das Klima unseres Planeten ist eine hochkomplexe Angelegenheit, die der Mensch in seiner Gänze noch längst nicht verstanden hat und hochwahrscheinlich auch in Zukunft nie komplett verstehen wird. Klima ist ein Ding, das sich weder »schützen« noch »retten« lässt. Wer mit solchen Begrifflichkeiten in politischen oder wissenschaftlichen Debatten um sich wirft, ist im besten

Falle naiv, im schlimmsten Fall unseriös. Ganz sicher sollte man sich von dem Gedanken verabschieden, man könne das Klima der Erde in irgendeiner Form nach unserem Gutdünken steuern. Hier handelt es sich um eine typisch menschliche Allmachtsphantasie. Es ist überhaupt nicht gesagt, dass die derzeit ja merkbar stattfindende Erderwärmung tatsächlich ein Ende findet, wenn wirklich der äußerst unwahrscheinliche Fall einträte, dass es uns kurzfristig gelingt, unseren CO_2-Ausstoß komplett gegen null zu fahren. Selbst dann wird niemand sagen können, welche klimatischen Bedingungen in hundert oder zweihundert Jahren das Gesicht der Erde prägen werden. Wir wissen es schlicht nicht. Genauso wenig wird sich die – wann auch immer stattfindende – Abkühlung zur nächsten Eiszeit unter Kontrolle bringen lassen. Die Zeit wird kommen, in der wieder kilometerdicke Eisschichten riesige Teile Eurasiens und Nordamerikas unbewohnbar machen werden. Sollen wir in einer solchen Zukunft dann hingehen und alle alten Kohlekraftwerke wieder ausmotten, um zu heizen, was das Zeug hält? Es wird uns wohl kaum etwas nützen. Aus diesen Gesichtspunkten heraus ist eine völkerrechtlich verbindliche Begrenzung der Erderwärmung auf 1,5 Grad Celsius, um es mit den Worten des Berliner Ökologen Dr. Harald Kehl, zu sagen: »aus ökosystemarer Sicht Schwachsinn«.[3]

Damit will ich keineswegs zum Ausdruck bringen, man könne das Klima nicht mit CO_2 negativ beeinflussen. – Ganz im Gegenteil. Sollte auch nur der Hauch eines Verdachts bestehen, dass CO_2-Emissionen für Extremwetterereignisse und die gegenwärtige Erderwärmung verantwortlich sind, müssen wir sie eher gestern als heute so weit wie irgend möglich reduzieren. Nur ist es den vermeintlichen »Klimaschützern« gelungen, die Probleme, welche die Gattung Homo industrialis auf unserem wunderbaren Blauen Planeten verursacht, mehr oder weniger auf diesen einzigen Faktor, das Kohlendioxid, zu verengen, während andere Faktoren, wie zum Beispiel die Abholzung unserer Wälder, großflächige Monokulturen, die Industrialisierung der Landwirtschaft, der Forstwirtschaft und der Fischerei sowie die Vernichtung ganzer Ökosysteme, in der Diskussion außen vor gelassen werden. Wohin dies führen kann, sehen wir daran, dass auf einmal die supergiftige, supergefährliche Nukleartechnik, mit deren Strahlungsfolgen die Umwelt wohl noch auf Jahrtausende hin zu kämpfen haben wird, auf einmal als »grün« klassifiziert wird, weil beim atomaren Feuer eben kein CO_2 emittiert wird. Es gibt einen verhängnisvollen Trend unter den politisch Verantwortlichen, Klimaschutz gegen Natur- und Artenschutz auszuspielen. Bei diesem Treiben verlieren immer die Letzteren. Wenn wir aufhören, das ungiftige Gas Kohlendioxid, das bei Verbrennungsvorgängen entsteht und Teil unserer Atemluft ist, in gigantischen Mengen in die Atmosphäre zu blasen, bewahren wir das Klima. – So lautet die Kernaussage der Klimaschützer. Eine solche Aussage taugt höchstens als Metapher oder als Beispiel eines Bravourstücks in Sachen Propaganda. Nochmal:

Klima kann weder »geschützt« noch »gerettet« oder gar »bewahrt« werden. Diese Begriffe passen einfach nicht zu einem Phänomen, das sich per Definition ständig ändert und ständig ändern muss.

Ich selber bin lange genug argumentativ in die CO_2-Falle getappt. Natürlich zweifele ich die Klimawirksamkeit von Kohlendioxid nicht an. Dennoch sehe ich mittlerweile die Dinge etwas differenzierter. Es gibt eine Fülle viel handfesterer Argumente, warum wir wegzukommen haben von kohlenstoffhaltigen Brennstoffen, und damit meine ich ausdrücklich nicht nur jene fossilen Ursprungs, wie Kohle, Gas und Öl, sondern ebenfalls den sogenannten Biosprit oder das Biogas, die vom Acker stammen – vom Phänomen der angeblich »klimaneutralen« Holzpellets, das zur massenhaften Abholzungen klimafreundlicher Bäume führt, ganz zu schweigen. Angesichts ständiger Ölkatastrophen im Meer, ölverpesteter Böden, von Kohletagebau vernichteter Landschaften, durch Fracking-Gas verseuchter Flüsse oder eben jener oben beschriebenen Auswüchse einer völlig aus dem Ruder gelaufenen Agrarindustrie muss es uns vor allem um den Erhalt unserer vielfältigen Lebensräume und unserer Biodiversität gehen. Die Masse der Tier- und Pflanzenarten auf unserer Erde hat diverse Eiszeiten und Warmperioden im Wandel der jüngeren Erdgeschichte überstehen können – auch die Eisbären. Erst der moderne Mensch macht ihnen mit seinem Treiben den Garaus. – Nicht selten zum Wohl des »Klimas«.

Grüner Wasserstoff als Energieträger wird sich auch ohne Klimadiskussion durchsetzen, weil er nachhaltig und sauber ist und für eine überlegene, neue Technik steht. Vielleicht hilft die Klimadiskussion, diese Entwicklung zu beschleunigen. Das wäre gut und schön, darf aber nicht zu Unehrlichkeit führen. 1780 wurde in Mannheim die Meteorologische Gesellschaft gegründet, die als erster Wetterdienst damit begann an verschiedenen Orten Deutschlands zu drei verschiedenen Tageszeiten die Temperatur zu messen und aufzuzeichnen. Das ist nun rund 240 Jahre her. Seit 1881 können für Deutschland Mittelwerte in der Temperatur ermittelt werden.[4] Für unser Zeitempfinden sind das lange Zeiträume. Erdgeschichtlich hingegen sind es Wimpernschläge. Letztens ließ eine Radiomoderatorin des WDR den Spruch los: »Auf das Wetter ist kein Verlass mehr.« Wann bitte war jemals auf das Wetter Verlass?

Es gibt wirklich abseits der Klimadiskussion genug Gründe, den Weg des »grünen« Wasserstoffs zu wählen. Unehrlichkeit ist unehrenhaft. Sie zerstört Vertrauen und führt zu unnötigen Umwegen, die wir auf dem Pfad zur Wasserstoffgesellschaft nicht gebrauchen können. Wie oben bereits angedeutet, dürfen wir über die Klimahysterie nicht das wahre Ziel aus den Augen verlieren: den uns folgenden Generationen einen lebenswerten Planeten zu hinterlassen. Wer uns vorgaukelt – wie etwa der Microsoft-Gründer und Multimilliardär Bill Gates –, Nuklearenergie sei geeignet, uns diesem Ziel näherzubringen, der ist entweder komplett durchgeknallt oder verfolgt ganz andere Interessen. – Gleiches gilt selbstverständlich für die ekelhaften Auswüchse einer industrialisierten Landwirtschaft und den von ihren Lobbyisten vertretenen Trend zur vermeintlich »klimaneutralen« beziehungsweise »klimafreundlichen« Bioenergie.

Wasserstoff hat das Zeug dazu, der Menschheit eine Zukunft auf einem bewohnbaren Planeten zu bescheren, ohne Abstriche bei Bequemlichkeit und technischem Fortschritt machen zu müssen. Was aber genau ist H_2 beziehungsweise Wasserstoff?

Kehren wir an dieser Stelle den großen politischen Zusammenhängen kurz den Rücken und unternehmen einen Ausflug in das Chemielabor unserer Kindheit. Jedem, der auf einer deutschen Schule die fünfte Klasse besucht hat, dürfte das Experiment der Elektrolyse mit anschließender Knallgasexplosion bekannt sein. Chemielehrer nutzen es gerne, um bei den Schülern die Begeisterung für Naturwissenschaften zu erwecken. Man darf davon ausgehen, dass es auch der studierten Physikerin Angela Merkel in ihrer Zeit als »Klimakanzlerin« nicht unbekannt war. Zur Gewinnung von Wasserstoff wird elektrischer Strom durch Wasser geführt. Damit dies gut klappt, wird dem Wasser Kochsalz hinzugefügt. Die in ihm enthaltenen Natrium- und Chlorid-Ionen sorgen für die Leitfähigkeit von H_2O. An der Kathode, dem Minuspol, bildet sich in der Folge reiner Wasserstoff (H_2). Das erste Element unseres Periodensystems ist so reaktionsfreudig, dass es mit sich selbst reagiert und in der Natur nur als Molekül vorkommt. An der Anode hingegen, dem Pluspol, steigt in Form von Bläschen reiner Sauerstoff (O_2) empor.

Bald nun kommt der Punkt, an dem der Chemielehrer sich eine Sicherheitsbrille auf die Nase setzt und den Wasserstoff in einem Reagenzglas auffängt. Gespannt halten die Schüler den Atem an. Der Lehrer hält das mit H_2 gefüllte Reagenzglas an die Flamme eines Bunsenbrenners, und es macht bumm. Der Wasserstoff reagiert unter hoher Energieabgabe mit dem Luftsauerstoff zu nichts anderem als: Wasser.

Die Vorteile, die ein solcher Energieträger für Mensch und Planet birgt, liegen auf der Hand. Wasserstoff verbrennt, sofern er mit den ewigen Energien, die uns etwa die Sonne oder der Wind liefern, hergestellt wurde, sicherlich klimaneutral und im Gegensatz zu Diesel, Benzin oder Kohle absolut ungiftig. Jedenfalls wenn man ihn mit reinem Sauerstoff oxidieren lässt. Man kann Wasserstoff mit der heutigen Technik problemlos dezentral herstellen, lagern und durch die Gegend transportieren. Verflüssigt lässt er sich in Tanks füllen oder durch Pipelines leiten. Genau in diesen Vorteilen jedoch lag lange das Problem. Im Gegensatz zu der in diesen Tagen immer noch allseits gepriesenen Batterietechnik hat die Wasserstofftechnik das Zeug dazu, wirklich ein ernsthafter Konkurrent für Öl, Erdgas, Kohle, Atom und Biosprit zu sein. Jenen Dingen, welche zwar einerseits unsere Zukunft bedrohen, mit denen aber andererseits Tag für Tag unvorstellbare Summen verdient werden. Eine ganze Reihe von Volkswirtschaften setzte lange nahezu komplett auf die Förderung oder Erzeugung dieser Energielieferanten. Staaten wie Russland, Venezuela und Saudi-Arabien, aber auch die USA werden sich in vielerlei Hinsicht neu erfinden müssen, sobald der Wasserstoff sich durchgesetzt hat.

Aber Staaten sind träge und an den Schalthebeln der Macht findet sich viel Gesindel. Anstatt gemeinsam nach Wegen zu suchen, der überlegenen Wasserstofftechnologie schnell nach vorne zu helfen, setzten die zerstörerischen Kräfte des Beharrens lange auf Lobbyismus und gekaufte Politiker und drehten die Abwärtsspirale immer schneller Richtung Abgrund ohne Rücksicht auf Verluste. Beispielhaft für die Verlogenheit der deutschen Klimapolitik ist das Gerangel um die Ostseepipelines Nord Stream 1 und Nord Stream 2. Allein durch Nord Stream 2 sollten gemäß ursprünglicher Planung jedes Jahr 55 Milliarden Kubikmeter Erdgas nach Zentraleuropa gepumpt werden.

Ein großer Schlauch, der von Russland noch abhängiger machen und gewaltige Mengen Kohlendioxidemissionen verheißen sollte. Noch bevor der zweite der fossilen Lindwürmer fertiggestellt, geschweige denn vollkommen in politisch trockenen Tüchern war, da träumte der russische Staatskonzern Gazprom bereits von Nord Stream 3, ohne dass irgendwer im deutschen Regierungslager ernsthafte Zweifel an der Sinnhaftigkeit dieser Unternehmungen äußerte.[5] Da war es nur konsequent, dass die Europäische Union auf Betreiben des Nachfolgers von Angela Merkel, Kanzler Olaf Scholz, am Vorabend des alles verändernden

Ukrainekriegs neben Atom auch Erdgas zur »grünen« Energiequelle erklärte.[6] Erdgas gilt zwar als weniger »klimaschädlich« als Kohle. Dennoch ist es ein fossiler Stoff, bei dessen Verbrennung Kohlendioxid entsteht, das Gas, das gemäß dem herrschenden wissenschaftlichen Dogma maßgeblich für den Treibhauseffekt verantwortlich gemacht wird. Dieses Zeug wollten wir im Sinne der vielbeschworenen Energiewende offiziell gar nicht mehr haben. Trotzdem spielte dieser nicht ganz unwesentliche Punkt in der öffentlichen Diskussion über die Pipelines lange Zeit überhaupt keine Rolle. Vielmehr wurde darüber gestritten, dass die klassischen Gastransitländer Polen und Ukraine sich um ihre Pfründe geprellt sahen, weil man die Gasleitungen (ohne Rücksicht auf das fragile Ökosystem unseres nordischen Binnenmeeres) durch die Ostsee an ihnen vorbei legte.

Ein weiterer Punkt waren die Sicherheitsinteressen vor allem der Ukraine. Solange das russische Gas allein über ihr Territorium geleitet wurde, bestand für sie die Möglichkeit, im Falle eines russischen Angriffs Westeuropa den Gashahn zuzudrehen. Eine Maßnahme, mit der Russland finanziell empfindlich getroffen worden wäre. Allein, es kam anders: Durch die mit Merkels Hilfe fertiggestellte Pipeline Nordstream 1 fließt mitten im grausam geführten russischen Angriffskrieg auf die Ukraine monatelang munter russisches Gas zu uns, während im Gegenzug Milliarden von Euro in die russische Kriegskasse zurückgepumpt werden. Hier schließt sich ein Kreis. Denn in dieses dreckige Geschäft ist ebenfalls eine Person verwickelt, der das deutsche Wahlvolk einmal das ultimative Vertrauen des zweithöchsten Staatsamtes ausgesprochen hat. Die Rede ist von Ex-Bundeskanzler Gerhard Schröder, dem Intimus von Wladimir Putin. Der war 2005, nachdem er den Nordstream-Deal unter Dach und Fach gebracht hatte, auf einmal amtsmüde geworden. Bei den vorgezogenen Neuwahlen machte er Platz für Merkel, die bereits heute vom britischen Historiker Niall Ferguson als »Putins beste Agentin« bezeichnet wird.[7] Er selber wechselte nach seinem Job als Kanzler schamlos in den Aufsichtsrat des russischen Staatskonzerns Gazprom. Der Preis, den unser Land für die Machenschaften dieser Regierungschefs zu zahlen hat, ist ausgesprochen hoch. Unsere Volkswirtschaft hängt genauso an dieser Gasabhängigkeit wie unsere Zentralheizungen. Entsprechend erpressbar sind wir dem russischen Aggressor energiepolitisch ausgeliefert.

Fossile Energie ist im Prinzip nichts Anderes als die durch pflanzliches Leben konservierte Sonnenenergie der Jahrmillionen. Die anzuzapfen ist ein sehr einträgliches Geschäft und hat zur Bildung einer ganzen Reihe von sehr mächtigen Kartellen geführt. Unser Schatz ist zum Fluch geworden, der nicht nur zu Umweltkatastrophen, sondern auch zu verheerenden Kriegen führt. Dies ist ein weiterer, in meinen Augen äußerst gewichtiger Grund, uns konsequent der Wasserstofftechnik zuzuwenden; wichtiger als die mit vielen Fragezeichen versehene Klimaproblematik. Grüner Wasserstoff kann im Prinzip fast überall auf der Erde gewonnen werden. Entsprechend schwer werden es Monopole, Kartelle oder kriegslüsterne Staaten wie Russland haben, die Menschheit in Abhängigkeit zu halten. Wasserstoff hat das Zeug dazu, die Erde zu einem friedlicheren Ort zu machen. Ob wir Menschen diese Chance beim Schopf ergreifen werden, steht natürlich auf einem ganz anderen Blatt.

Weltenbrand

»Ich sah den Satan wie einen Blitz aus dem Himmel fallen.«

Lukas 10,18

Woher kommt unser Beharren auf dem kohlenstoffbasierten Feuer? Warum verlief das Streben nach Alternativen lange so halbherzig? Warum brennen wir den blauen Wasser-Planeten zu Grunde? Diese Fragen sind grundlegend für das Fortbestehen der Menschheit und des Planeten Erde, wie wir ihn kennen. Sie verdienen eine genaue Erörterung.

Zum besseren Verständnis der Misere, in der wir uns befinden, müssen wir gedanklich zu den Anfängen der Menschheit zurückreisen.[1] Es gibt Funde aus Koobi Fora im Norden Kenias, die nahelegen, dass schon Homo ergaster vor 1,5 Millionen Jahren begonnen hat, die Kontrolle über das Feuer zu erringen. Es gilt als sicher, dass die Vertreter der Gattung Homo heidelbergensis, die vor 300 000 Jahren die ältesten bis heute erhaltenen Jagdwaffen erschufen, bereits das Geheimnis des Feuers gelüftet hatten. In der Nähe ihrer Fundstelle fanden sich nämlich nicht nur die Überreste erlegter Wildpferde, sondern auch ein angekohlter Bratspieß, mit dessen Hilfe die Pferdesteaks geröstet wurden. Wer heutzutage über die Ursachen des Klimawandels nachdenkt, dem dürfte es als Ironie des Schicksals erscheinen, dass man die acht Holzspeere mitsamt den anderen Resten dieser Grillparty aus den Tiefen der Zeit ausgerechnet in einem Braunkohletagebau entdeckte. Mithilfe des Feuers kann Nahrung gegart werden, was sie einerseits leichter verdaulich, andererseits aber auch haltbarer macht. Feuer schreckt des Nachts die wilden Tiere ab und erleichtert die Besiedelung kalter Lebensräume. Die Fähigkeit, das Feuer zähmen zu können, dürfte das wichtigste der Merkmale sein, die den Menschen von den anderen Tieren unterscheiden. Selbst Schimpansen, die durchaus in der Lage sind, sich primitive Werkzeuge zu basteln, scheuen vor dem Feuer zurück.

In unserer europäischen Mythologie waren es häufig Trickster unter den Göttern, Dämonen oder Engeln, die durch die Weitergabe des Feuers an den Menschen die göttliche Ordnung durcheinanderbrachten. Bei den alten Germanen war dies der Problemgott Loki. Bei den Griechen übernahm Prometheus die unrühmliche Rolle, wofür Zeus ihn zur Strafe an einen Felsen kettete, wo ihn tagtäglich ein Adler besuchte, um von seiner Leber zu naschen. Für die Christen schließlich war es Luzifer, der Engel des Lichts, der als Rebell von Gott besiegt und in die Unterwelt gestoßen wurde. Dort köchelt er im Höllenfeuer die armen Sünder durch und ist bemerkenswerterweise im dualistischen christlichen Weltbild das Symbol für das Böse schlechthin.

Kommen wir zu den Geisteswissenschaften. Im 8. Jahrhundert vor Christus setzten griechische Siedler auf die Insel Sizilien über. Mithilfe ihrer modernen Eisenwaffen gelang es ihnen, die Urbevölkerung der Sikulier zurückzudrängen und eine Reihe bedeutender Städte zu gründen, mit so klangvollen Namen wie Syrakus, Selinunt oder Akragon, dem heutigen Agrigent. Sizilien lockte mit fruchtbaren Böden, einem angenehmen Klima und einer sowohl für den Handel als auch militärisch günstigen, strategischen Lage zwischen Afrika und Europa. Noch heute zeugen gewaltige Tempelanlagen von der einstigen Pracht der archaischen Kolonialgeschichte. Doch nicht nur architektonisch lief die Menschheit auf der Sonneninsel zu früher Hochform auf. Auch auf dem Gebiet der Philosophie gelangen ihr erste Meisterleistungen. Im Jahre 495 vor Christus wurde in Akragon Empedokles geboren. Der Mann, der sich selbst zur Gottheit erklärte und obendrein als erster schriftlich verbürgter Vegetarier gilt, war bestrebt, Ordnung in die Beschaffenheit des Kosmos zu bringen. Vom Periodensystem hatte der alte Grieche selbstverständlich noch keine Ahnung. Aber seine Reduzierung auf das Wesentliche besticht noch heute. Er unterteilte die Welt in vier Elemente: Erde, Luft, Wasser und Feuer.

Wichtig für unseren Gedankengang ist in diesem Zusammenhang die Tatsache, dass die ersten drei der empedokleschen Elemente aus Materie bestehen, während das letzte einen Vorgang bezeichnet, den Vorgang des Verbrennens. Es nimmt somit unter den Elementen eine Sonderstellung ein. Feuer verstrahlt eine Faszination, der wir Menschen uns nicht entziehen können. Bei manchen ist sie stärker, bei anderen schwächer ausgeprägt. Ich selbst bin nicht frei von ihr. Man kann sogar sagen, dass sie von Kindheit an bei mir ausgesprochen stark ausgeprägt ist. In meiner Seele tobt ein Feuerteufel. Wenn Dinge verbrennen, kann ich nicht wegsehen. Während ich auf dem von Pyromanie gebeutelten Sizilien zu Empedokles recherchiere, wird mir diese Tatsache wieder einmal bewusst. Im Hinterland von Agrigent werden meine Frau und ich Zeugen, wie in sicherer Entfernung ein ganzer Berghang voll Buschland von Zündlern in Brand gesteckt wird. Wir hatten uns in der Abenddämmerung bei Brot, Lamm und einem Glas Nero d'Avola zu Tisch gesetzt, als wir die Flammen sahen. Sie schlugen uns in ihren Bann. Bei aller Abscheu, die wir vor den Verheerungen der Feuersbrunst empfanden, konnten wir nicht umhin, mit fast schon schlechtem Gewissen festzustellen: Aus der Ferne betrachtet, sah sie schaurig schön aus.

Jeder Mensch hat seine eigene Geschichte mit dem Feuer. Feuer ist ein Teil von uns. Zum besseren Verständnis dieser Problematik möchte ich an dieser Stelle einen weiteren Teil meiner eigenen Geschichte des Feuers zum Besten geben. Als ich drei Jahre alt war, bauten meine Eltern unser Eigenheim. Die Großeltern mütterlicherseits hatten ihnen zu diesem

Zwecke zu fairen Konditionen ein Areal auf ihrem großzügigen Grundstück zur Verfügung gestellt. Dem Bau hatte ein schöner Kirschbaum zu weichen. Meinem kindlichen Gemüt hatte der Baum besser gefallen als das neue Haus. Kaum war es fertig, verkündete ich meinen entsetzten Eltern den Plan, es niederzubrennen. Es sollte keine zwei Jahre dauern, da wäre es mir als Fünfjährigem um ein Haar gelungen, meinen Worten Taten folgen zu lassen.

Ich erfuhr dabei tatkräftige Unterstützung durch meine ebenfalls recht feueraffine Kindergärtnerin. Es waren die frühen 70er Jahre des 20. Jahrhunderts. Es fing damit an, dass wir im Backofen Joghurtbecher aus Plastik einschmolzen. Das gab hübsche, bizarr geformte, bunte Scheiben, aus denen wir Mobiles bastelten. Dioxin-Dämpfe waren damals noch nicht so das Thema. Kritisch wurde es, als sie mit uns Kerzenhalter aus Papier bastelte. Stolz brachte ich mein Bastelprodukt nach Hause, steckte eine Kerze hinein, stellte den Kerzenhalter auf unseren ovalen Design-Wohnzimmertisch, zündete die Kerze an, betrachtete eine Minute lang fasziniert die flackernde Flamme und ging spielen. Um das Ergebnis gleich vorwegzunehmen: Das Haus steht noch heute unversehrt an der Stelle, wo einst der Kirschbaum wuchs. Der Brand wurde früh genug entdeckt und gelöscht. Aber der Wohnzimmertisch war natürlich hin, und die verrußten Wände nebst der Decke brauchten einen frischen Anstrich. Seit dem Tag versteckten meine Eltern die Streichhölzer vor mir. Ich konterte, indem ich als Vorpubertierender begann,

Streichholzdosen zu sammeln. Seither hege und pflege ich mein persönliches Feuerchen. Im Sommer koche ich auf der Flamme eines Gasherds, im Winter auf dem Holzfeuer, das ich in unserem alten Küchenofen nähre. Grillen mit Holzkohle bereitet mir ebenso große Freude wie der Duft von Pfirsich- oder Eichenholz, das, zu handlichen Scheiten verarbeitet, knackend im offenen Kamin eine wohlige Wärme verbreitet. Für gewöhnlich schaffe ich es, ein Lagerfeuer mit einem einzigen Streichholz zum Flackern zu bringen, ohne dass ich dafür Papier bräuchte. Selbst zum Imkern brauche ich einen kleinen Schwelbrand in meinem Smoker, um die Immen damit in Schach zu halten. Nicht zu vergessen das unromantische Feuer in meiner Gasheizung, die anspringt, wenn der offene Kamin nicht wohlig-warm genug brennt und die Feuersbrunst im Ottomotor meines Autos, mit deren Hilfe ich mich selbst in der Weltgeschichte herumkutschiere. Schließlich ist da noch die Nitro-Explosion, wenn ich eine Feuerwaffe abfeuere, um in den Genuss eines Kanincheneintopfes oder einer Rehkeule zu gelangen. Die Geschichte ließe sich beliebig weiterspinnen; vom Kerosin, das mir zuliebe mehrmals jährlich durch die Düsen diverser Linienjets donnert, über die Stahlkocher, die mit meinen Steuergeldern das Erz schmelzen für die Panzer, mit denen unsere Regierung uns vor der russischen Aggression zu schützen gedenkt, bis hin zu den Plastikverpackungen, die ich wegwerfe und die in Form von elektrischem Strom aus der Müllverbrennungsanlage zielsicher ihren Weg zu mir zurückfinden.

Gerät ein Feuer außer Kontrolle, so sprechen unter anderem die Juristen von einem Brand. Ist ein Mensch für diesen Kontrollverlust verantwortlich, haben wir es mit einem Brandstifter zu tun. Kriminalpsychologisch betrachtet, sieht die Sache so aus: »Indem der Brandstifter etwas zerstört, weist er auf seine innere Zerstörung hin.«[2] Ein Großteil der Serienbrandstifter ist im klinischen Sinne nicht psychisch krank. Doch die gibt es natürlich auch: Die beiden französischen Pioniere auf dem Gebiet der Psychologie Jean Étienne Esquirol (1772–1840) und Charles Chrétien Henry Marc (1771–1840) erkannten als Erste die Pyromanie als seelische Deformation und machten sich an ihre Erforschung. Die pathologische Brandstiftung gehört zu den spektakulärsten, mitunter aber auch folgenschwersten seelischen Störungen. Zwei wichtige Aspekte sind die Lust am Feuer und/oder die Bedeutung als Retter. Kein Wunder, dass man die derartig am Geiste Erkrankten häufig bei der Feuerwehr antrifft, wo sie nicht selten besonders eifrig bei der Sache sind, wenn es gilt, den heimlich selbst gelegten Brand wieder einzudämmen.[3]

Zweifellos gehört zu den mannigfachen Monomanien, unter denen der industrialisierte Mensch, *Homo industrialis*, zu leiden hat, auch der Hang zur süchtigen, zwanghaften, triebhaften Brandstiftung. Denn all unsere kontrollierten Feuer ergeben gebündelt einen Brand, den die Erde in diesem Ausmaß noch nicht erlebt hat. Wie aber löscht man einen Brand von diesen Ausmaßen? Wie schaffen wir die

Wende – von der Lust am Feuer weg hin zur Bedeutung als Retter? Wasser allein wird uns da nicht retten. Dafür hat das Feuer schon zu stark von uns Besitz ergriffen, sich in unsere Seelen, in unseren Alltag, in unsere Leben eingebrannt. Was wir brauchen, ist ein Gegenfeuer. Jene Maßnahme zur Eindämmung von Waldbränden, die manch einem Feuerwehrmann wohl ganz besonderen Genuss bereiten dürfte. Wenn Wasser allein nicht mehr reicht, unser ganz großes Feuer zu löschen, brauchen wir Wasserstoff, das Feuer des Wassers. Allein das Feuer des Wassers wird auf lange Sicht in der Lage sein, das andere, das verheerende Feuer zu ersticken. Sei dies nun auf Kohlenstoff basiert oder sei es atomar. Denn auch Letzteres ist ungeheuer destruktiv. Mein Großvater Erwin Erasmus Koch warnte bereits in seinem 1958 erschienenen Sachbuch vor diesem »Feuer der Sterne«, mit dem der Mensch besser nicht hantieren sollte.

Ob krankhaft oder nicht; wohl jeder Mensch auf Erden hat seine ganz persönliche Geschichte mit dem Feuer. Dies müssen wir begreifen und akzeptieren, wenn wir das Feuer neu denken wollen. Denn ein Feuer, das statt Asche und Vernichtung bloß reines, lebensspendendes Wasser erzeugt, ist ein vollkommen neues Konzept. Wir müssen ernsthaft damit beginnen, kohlendioxidneutral Wasserstoff zu gewinnen und als Energieträger zu nutzen. Das H_2-Molekül hat das Zeug dazu, den *Homo industrialis* auf eine neue Stufe der Zivilisation zu stellen.

Die Visionen des Jürgen Fuhrländer

»O du schöner Westerwald
Eukalyptusbonbon
Über deine Höhen pfeift der Wind so kalt.«

Volkslied

Ich unterhalte einen Bienenstand am Rande des Westerwalds. Es ist in Teilen ein immer noch wildes Gebiet. Hier treiben Drogenhändler und Hells Angels ihr Unwesen, die Flodder-Brüder Ludolf tummeln sich in ihrem Schrotthaufen, und auf entlegenen Gehöften stemmen sich rebellische Biobauern auf kargem Boden gegen die Übermacht der Agrar-Riesen. Als Heranwachsender hatte ich Kumpels auf den Höhenzügen, die ich an den Wochenenden besuchte. Sie zeigten mir eine Welt, wo man mit zwölf auffrisierten Mofas ohne Führerschein durch die Gegend flitzen konnte, mit dem Traktor umherfuhr und in Kinderzimmern schlief, die nichts anderes waren als roh gezimmerte Dachböden. Geschichten machten die Runde von Schurken, bei denen man ein »Pistölchen« kaufen könne oder die als Polizistenmörder im Knast säßen. Kein Wunder also, dass man hier in Deutschlands Wildem Westen auch auf echte Pioniere stoßen kann.

In besagtem Dürresommer 2018 verabrede ich mich zum Gespräch mit einem von ihnen. Jürgen Fuhrländer leitet die Gesellschaft für Windenergieanlagen GmbH & Co KG (GFW) und glaubt an die Potenziale des Wasserstoffs. Der Firmensitz befindet sich in Rennerod. Schon mal gehört? Nein? – Kein Wunder, denn Rennerod liegt *In the Middle of Nowhere.* Wer es googelt, erhält als ersten Treffer einen RTL-Videoclip, der Rennerod – passend zum Wildwestimage – zur »gefährlichsten Kleinstadt Deutschlands« erklärt, weil hier bei Nachbarschaftsstreitereien bevorzugt Äxte, Holzknüppel und Schusswaffen die Mittel der Wahl darstellen. Der Kommentar des Ortsbürgermeisters Volker Abel zu einem der blutigen Vorfälle (»Das Projektil ist (…) Gott sei Dank, im Augapfel stecken geblieben.«) imponiert mir. Ausgerechnet hier sollte eine der ersten Wasserstofftankstellen Deutschlands aus dem Boden gestampft werden.

Die Straße, die zu dem Unternehmen führt, heißt »Am Wolfsgestell«. Auf den ersten Blick wirkt die GFW wie eine Art Schrotthandel für Windräder. Auf einer ehemaligen Kuhweide rotten Rotorblätter vor sich hin. Im krassen Kontrast dazu ragt an der Industriehalle, die den Firmensitz bildet, – warzenförmig mit viel Glas – ein futuristischer Anbau in Form eines UFOs heraus. In ihm treffe ich, von netten Sekretärinnen mit Kaffee wohlversorgt, den Wasserstoffpionier. Jürgen Fuhrländer ist ein stämmiger Mann in den Fünfzigern. Der gelernte Schlosser sattelte um auf Maschinenbau und wurde nach absolviertem Studium selbstständiger Unternehmer. Ich zolle ihm meine Anerkennung für die zukunftsweisende Form des UFO-Anbaus und erfahre, dass die Halle in Folge von Schweißarbeiten niedergebrannt sei. Beim Wiederaufbau habe man neue Akzente setzen wollen. Wer mit dem Feuer des Wassers gegen den Weltenbrand angehen will, der muss damit rechnen, dass er sich die Finger ansengt. Fast scheint es (bleibt man bei meiner philosophischen Allegorie des vorangegangenen Kapitels), als hätte sich das feurige Element aktiv gegen einen seiner Löschmeister zur Wehr gesetzt.

Nachdem dieser Punkt geklärt ist, kommt er schnell zur Sache. Er sei Unternehmer, dem es in allererster Linie darum gehe, Geld zu verdienen. Mit Spinnereien sei dies schwierig. Er setze auf »grünen Wasserstoff«, der aus den sogenannten Erneuerbaren Energien gewonnen wird, weil er darin das Geschäft der Zukunft sehe. Meiner Skepsis gegenüber dem System des Kapitalismus zum Trotz gebe ich ihm natürlich recht in dem Punkt, dass ein Unternehmer, der kein Geld verdient, sein Unternehmertum sehr bald an den Nagel hängen kann. Wir kommen auf Details zu sprechen. Neben Wartung, Reparatur und Service von Windparks hatte sich die GFW dem sogenannten »Repowering« verschrieben. Sie baute unrentabel gewordene Kleinturbinen in Deutschland ab und ersetzt sie durch größere, höhere und profitablere Anlagen. Die kleinen Windmühlen werden nicht verschrottet, sondern erhalten ein zweites Leben in Regionen wie Nordirland oder Nicaragua. Doch nicht überall ist Repowering so ohne Weiteres möglich. Von Lärm und Schattenwurf geplagte Anwohner brauchen ab einem gewissen räumlichen Abstand zu den Windkraftanlagen die Erhöhung der Qualen nicht mehr hinzunehmen. Auch der laxe Umgang mit Umweltschutzgesetzen bleibt nicht unwidersprochen. Allerorten entdecken Eigenheimbesitzer, deren Bleibe durch die nahen Windparks massiv an Wert verliert, ihr grünes Herz. Gefälligkeitsgutachten kommen ebenso aus der Mode wie die Giftköder, mit denen jahrelang den Planungsablauf störende Tierarten wie Rotmilan oder Seeadler aus dem Weg geräumt wurden. Für Repowering müssen Genehmigungsverfahren durchlaufen werden, die fast genauso komplex sind wie bei der Windkrafterschließung komplett neuer Standorte.

Der springende Punkt bei all dem war folgender: Im Jahr 2021 sollte für die ersten knapp 4000 Windräder die EEG-Umlage wegfallen – von 28 230 (Onshore, Stand Ende 2021). Dieses Ende des warmen Subventionsregens aus dem Säckel der Stromkunden bereitete damals den Unternehmern Kopfzerbrechen.

Bis zum Jahr 2026 wird dieses Schicksal rund 14 000 Anlagen treffen, die gemeinsam rund 17 000 Megawatt Strom erzeugen. Das entspricht in etwa der Leistung von sieben bis acht Atomkraftwerken. Alle diese vielfach eher kleinen Anlagen – die meisten blockieren in den Augen der Fuhrländers die in Sachen Wind günstigsten Standorte – müssen fortan ihren Strom auf dem freien Markt verkaufen.

Vom großen Kuchen EEG-Umlage wollten, seit seiner Einführung im Jahr 2000, viele ein Stück abhaben. Entsprechend hoch wurden die Pachtverträge abgeschlossen. Rechnet man die Kosten für Wartung und Reparatur hinzu, würden die Windmühlen defizitär laufen, sobald die EEG-Umlage wegfällt und der gefürchtete Unternehmer-verdient-kein-Geld-Fall träte ein. So waren zumindest die Befürchtungen in jenen Tagen. Mittlerweile, im Jahr 2022, sind die Strompreise dermaßen angestiegen, dass ein Betrieb für die meisten auch ohne Subvention noch wirtschaftlich ist. Momentan ist Energie insgesamt für die Menschen so teuer geworden, dass die Regierung beschlossen hat, die bestehenden EEG-Verpflichtungen nicht mehr vom Stromkunden, sondern jetzt vom Steuerzahler begleichen zu lassen. Niemand kann indes voraussagen, wie die Preisentwicklung in der Zukunft aussehen wird. Wer übers Land fährt, wird an sonnigen Tagen, an denen die Solarkraftwerke auf Hochlast arbeiten, nach wie vor eine Menge Windräder sehen, die trotz frischer Brise (und Energiekrise!) sich einfach nicht drehen wollen. Das liegt daran, dass die Leitungen nach wie vor von Kohle- und Atomstrom verstopft sind. Die entsprechenden Kraftwerke lassen sich nämlich nicht einfach nach Belieben an- und ausknipsen. Die EEG-geförderten Windräder produzieren dann den sogenannten »Phantomstrom«. Sie erwirtschaften Geld, weil sie sich drehen *könnten*![1]

Genau an diesem Punkt kommt der Wasserstoff ins Spiel. Ein mittelgroßes Windrad kann via Elektrolyseur etwa 18 Tonnen Wasserstoff im Jahr erzeugen. Wenn man bedenkt, dass eine Tankfüllung von sechs Kilogramm H_2 ausreicht, um einen schweren Geländewagen 600 Kilometer weit fahren zu lassen, so lässt sich unschwer errechnen, dass ein einziges Windrad im Jahr Wasserstoff für 3 000 Tankfüllungen oder 1,8 Millionen gefahrene Straßenkilometer produzieren kann, ohne dass dabei auch nur ein einziges Gramm CO_2, Stickstoff oder Feinstaub erzeugt wird.

Mit Hilfe von Wasserstoff kann es gelingen, dass die Windkraftwerke noch auf Jahre hinaus den Unternehmern Geld auf dem unsicheren freien Markt bringen werden. »Wasserstoff«, so schloss Fuhrländer seine Erläuterungen, »ist das Erdöl des 21. Jahrhunderts.«

Laut einer Studie der Heinrich-Böll-Stiftung wurde die Kohleindustrie innerhalb der EU zwischen 1970 und 2007 mit insgesamt 380 Milliarden Euro subventioniert.[2] Die Fördersummen für Atomstrom sind noch gewaltiger. Auch versteckte Kosten fallen hier ins Gewicht; von der endlosen Endlagersuche, um den tödlich strahlenden Müll loszuwerden, bis hin zu den Knüppelbrigaden der Polizei, mit der die um ihre Zukunft besorgten Bürger in Schach gehalten werden müssen. Fuhrländer beklagte bei unserem Treffen die Begeisterungsresistenz unserer Volksvertreter für das Thema. Meine Überlegung, dass man als Ursache hierfür wohl mit Fug und Recht zahlungskräftige Lobbyisten der konventionellen Energiewirtschaft vermuten darf, quittierte er mit einem vorsichtigen Nicken. Stichwort Transport: Statt den Windstrom an der Nordsee in Form von Wasserstoff zu speichern und abgefüllt in Tanks in Richtung der süddeutschen Industriezentren zu transportieren, lässt man höchst umstrittene Megastromtrassen wie zum Beispiel »Südlink« errichten. Gerade bei den sogenannten Erneuerbaren Energien, die – solange es sich um Wind-, Gezeiten- oder Sonnenkraft handelt – viel besser »ewige Energien« genannt werden müssten (Was, bitteschön, muss am Sonnenschein, am Wind oder an den Gezeiten »erneuert« werden?), stimmen die Produktions- mit den Bedarfszeiten oft nicht überein. Wenn tagsüber die Sonne auf die Solarpanele scheint, sind die meisten Menschen nun mal auf der Arbeit. Abends, wenn die Sonne dann untergegangen ist, laufen Waschmaschine, E-Herd und Fernseher. Auch Windstrom, der nicht genutzt wird, verpufft.

Betrachtet man in diesem Zusammenhang das Pumpspeicherwerk Rönkhausen, kann man bestaunen, was den Wasserstoffverhinderern eingefallen ist, um an diesem Punkt Abhilfe zu schaffen. Hier im schönen Sauerland wurde ein kompletter Berg abgetragen, um an seiner Stelle ein ökologisch totes Betonbecken anzulegen. Bei Stromüberschuss wird Wasser bergan gepumpt, um es zu befüllen. Bei Strommangel fließt das Wasser den Berg wieder hinab und treibt Turbinen an, welche wiederum die Netze bedienen. Abgesehen von der Naturzerstörung und der allgemein betonten »Klimaschädlichkeit« des mit größtmöglicher Freigiebigkeit in die Landschaft gekippten Werkstoffs Beton (die Zementproduktion ist für rund acht Prozent des global ausgestoßenen Kohlendioxids verantwortlich), ist ein solches Pumpspeicherwerk nicht besonders effizient. Pumpen, Wasserwiderstand, Übertragungsverluste und Eigenbedarf fressen bis zu einem Viertel der eingesetzten Energie auf. Mir fiel hierzu das Wort Steinzeittechnologie ein. So weit möchte Fuhrländer nicht gehen. Stattdessen stellt er die rhetorische Frage: »Warum noch mehr Natur zerstören, wenn es mit Wasserstoff doch auch anders gehen kann?«

Die »Power-to-Gas«-Technologie habe heute eine Gesamteffizienz von 38 Prozent erreicht, so der Wasserstoffpionier. Damit liegt sie zwar immer noch deutlich unter der Betonbeckenvariante. Aber Wasserstoff als Energiespeicher lässt sich nun mal kabellos transportieren, was schon ein nicht zu unterschätzender Wert an sich ist, weil es die Möglichkeit einer dezentralen »Gas-to-Power«-Energierückgewinnung an theoretisch jedem x-beliebigen Ort der Welt birgt. Zudem habe die Gesamteffizienz vor zehn Jahren noch bei lediglich 18 Prozent gelegen. Der technische Fortschritt auf diesem Gebiet entwickelt sich rasant. Mein Blick blieb an jenem Nachmittag an einem Modell hängen, das sorgfältig drapiert auf einem Podest in der Ecke des Büros steht. Über ein Mini-Solarmodul wird Strom erzeugt, der in zwei mit Wasser gefüllte Glasröhren fließt. An der Kathode bilden sich Wasserstoffbläschen, an der Anode blubbert Sauerstoff. Der Wasserstoff wiederum wird zu einer kleinen Brennstoffzelle geleitet. Am Ende des Prozesses dreht sich ein kleiner Propeller, während aus der Brennstoffzelle Wasser entweicht. Das Ganze sieht nicht unbedingt nach Hexenwerk aus, hat aber das Zeug dazu, die Energieprobleme der Menschheit zu lösen. Vier Jahre später, 2022, ist die GFW zwar verkauft, Fuhrländer aber immer noch Geschäftsführer. Ich telefoniere erneut mit ihm und erfahre, dass seine geplante Wasserstofftankstelle noch immer im Planungszustand verharrt. Zwar hat er – abseits seines GFW-Engagements – mehrere Elektrolyseure für Windkraftwerke gekauft, aber für den wirtschaftlichen Betrieb einer Tankstelle fehlt es nach wie vor an Fahrzeugen. Doch die Nachfrage nach grünem Wasserstoff wird so oder so steigen. Da ist sich Fuhrländer sicher. Im Zuge des »Green Deals« der Europäischen Union wird wohl auch die Subventionslage beim Thema H_2 demnächst eine ganz andere sein.

Bevor ich mich bei unserem Treffen 2018 verabschiede, komme ich nicht umhin, mit Herrn Fuhrländer über die Schattenseiten der Windkraft zu sprechen. So wichtig die Turbinen mit den gewaltigen Propellern für die emissionsfreie Strom- beziehungsweise Wasserstoffgewinnung sein können, so zerschreddern sie gnadenlos Tag für Tag in großer Anzahl unsere geflügelten Freunde aus der Vogel- und Fledermauswelt. Von den Insekten ganz zu schweigen. Mit eigenen Augen habe ich Rotorblätter gesehen, deren Spitzen in scharfe Messer auslaufen, um damit die Körper der Vögel zu zerschlitzen und so Aufprallschäden zu verringern. Die steigende Tendenz, Windturbinen in entlegenen, sprich naturnahen Gebieten aufzustellen, tut ein Übriges dazu, die heimische Artenvielfalt zu zerstören. Jahr für Jahr werden allein hierzulande 250 000 Fledermäuse von den Rotoren erschlagen. Eine Expertenkommission des NABU zum Thema Fledermaussterben kam bereits 2012 zu folgendem Schluss:

»Nach Einschätzung der Experten wurden und werden … bei der Planung und dem Betrieb der meisten WEA [Windenergieanlagen; Anm. d. Aut.] Fledermäuse nicht ausreichend untersucht und berücksichtigt. In der Folge wird ein Großteil der Anlagen momentan naturschutzfachlich widerrechtlich betrieben. Dies ist auf ein Umsetzungsdefizit auf Seiten der Behörden bzw. Entscheider zurückzuführen.«

Die Herzlosigkeit, mit der die Beteiligten aus Industrie und Verwaltung bestehende Landschafts- und Naturschutzregularien aufweichen oder umgehen, ist schlecht für die Akzeptanz von Windkraft in der Bevölkerung. Auch Fuhrländer ist totes Wildgeflügel ein Graus. Es sorgt für Rechtsunsicherheit, Ärger und ist schlecht für das Geschäft. Nach einem etwas schlappen Hinweis auf das sogenannte Schaukelmonitoring und Anlagen, die sich einem Algorithmus folgend herunterregeln in Zeiten hoher Fledermausdichte, deren Wirksamkeit von manch einem bezweifelt wird, spricht er einen weiteren Lösungsansatz an. Die roten Blinklichter, die den Flugverkehr nachts vor dem Hindernis Windkraftanlage warnen sollen, locken Fledermäuse und Zugvogelschwärme in den Tod.[3] Die Technik ist vorhanden, diese

Blinklichter nur dann angehen zu lassen, wenn sich wirklich ein Flugzeug oder Helikopter nähert. Den Rest der Zeit bleiben sie dunkel. Wer jedoch heutzutage nachts durch die europäischen Landschaften fährt, wird sehen, dass wir von einem flächendeckenden Einsatz dieses Lösungsansatzes noch sehr weit entfernt sind.

Man darf nicht über grünen Wasserstoff sprechen und auch bei ihm den Fehler machen, den Artenschutz einfach auszublenden. Er soll ja gerade helfen, den Planeten so zu erhalten, wie wir ihn kennen. Momentan macht es den Eindruck, als würde ein verrückt gewordener *Homo industrialis* den Klimawandel nicht abwarten wollen, um die nutzlose, weil keinen Profit abwerfende Vogelwelt auszurotten. Er zerstört sie schon im Vorfeld mit seinen Autos und Eisenbahnen, immer neuen Glasfassaden, seinen Agrargiften, mit denen er nicht nur die Insektenwelt »plattmacht«, und seit neuestem auch mit Hilfe von Klimarettungsinstrumenten. So ziemlich alle sind hierzulande abgestoßen von Flintenmännern und Leimrutenlegern, die auch noch dem letzten Zugvogel den Garaus zu machen trachten. Wenn die Schwärme jedoch im Windpark sterben, werden sie achselzuckend als Kollateralschaden zum Frommen unseres Lebensstils hingenommen.

Der Stoff, aus dem die Wasser sind

»It's fire … and it's crashing! It's crashing terrible! …
It's burning and bursting into flames …
this is the worst of the worst catastrophes in the world.«

Herbert Morrison (zum Absturz der LZ 129 »Hindenburg«)

Um die Thematik dieser Seiten richtig einordnen zu können, wollen wir uns mit einer Reihe von Fakten rund um das Thema Wasserstoff vertraut machen. Im Periodensystem liegt das denkbar einfach aufgebaute Element an prominenter erster Stelle. Es besteht aus einem Atomkern, den lediglich ein einziges Elektron umkreist. Die Wissenschaft hat festgestellt, dass Wasserstoff das am häufigsten in unserem Universum vorkommende Element darstellt. Demzufolge liegt sein Masseanteil bei 75 Prozent. In extrem verdünnter Form ist er überall im Weltraum anzutreffen. Zusätzlich existieren gewaltige Gaswolken aus Wasserstoff. Sterne wie unsere Sonne und Gasplaneten wie Jupiter oder Neptun bestehen zu großen Teilen aus Wasserstoff. Die Hitze unserer Sonne entsteht durch das sogenannte Wasserbrennen, bei dem aus Wasserstoff mittels Kernfusion Helium wird. Hierzu schreibt die Deutsche Physikalische Gesellschaft auf ihrer Website:

»Die Sonne besteht fast vollständig aus einem Plasma aus einfachem Wasserstoff (Protonen). In einem sehr langsam ablaufenden Prozess verschmelzen die Protonen miteinander unter Freisetzung von Energie. Dabei werden immerhin pro Sekunde 600 Mio. t Wasserstoff zu 595 Mio. t Helium verbrannt. Das entspricht der Leistung von etwa 2 × 10 hoch 16 Atomkraftwerken. Dennoch reicht der übrige Wasserstoff aus, um die Sonne für weitere 4 Mrd. Jahre zu betreiben.«

Die unkontrollierte Kernfusion kennen wir von der gefürchteten Wasserstoffbombe. Um die Temperaturen zu erreichen, die nötig sind, damit Wasserstoffatome zusammenschmelzen, werden bei dieser Höllenmaschine als Zünder mehrere Atombomben benutzt, die um eine Plutoniumhohlkugel gelagert sind. So wird eine Hitze von mehreren Millionen Grad erzeugt, bei denen das Wasserstoffisotop Deuterium und Lithium zur Fusion gebracht werden. Der ungarisch-amerikanische Physiker Edward Teller (1908–2003) gilt als Vater der *h-bomb.*

Die erste wissenschaftliche Bekanntschaft mit Wasserstoff machte die Menschheit wohl bereits in den Tagen von Theophrast Paracelsus (1493–1541). Auf der Suche nach dem Stein der Weisen fand der Alchemist heraus, dass ein brennbares

Gas entsteht, wenn man Metalle in Säure auflöst. Er hielt dieses Gas jedoch fälschlicherweise für ein anderes, damals bereits bekanntes, entzündliches Gas: Kohlenmonoxid. Erst 125 Jahre nach dem Tod von Paracelsus, 1766 fand der britische Naturwissenschaftler Henry Cavendish (1731–1810) heraus, dass sich Wasserstoff in seiner Dichte von anderen Gasen unterscheidet. Bis zu diesem Zeitpunkt war Wasserstoff unter dem Namen *brennbares Prinzip* bekannt. Manche vermuteten in ihm sogar das ominöse Phlogiston, eine hypothetische Substanz, von der man annahm, dass sie allem Brennbaren entweicht, sobald Hitze in sie eindringt. Mit seinen Erkenntnissen über Wasserstoff war Cavendish einer der Totengräber der fast ein Jahrhundert lang allseits anerkannten Phlogistontheorie. Seit dem Ende des 18. Jahrhunderts gilt sie als das Paradebeispiel eines wissenschaftlichen Irrtums. Cavendish, der früh die Mutter verlor, galt unter seinen Zeitgenossen als ausgesprochener Exzentriker. Er war wortkarg, kleidete sich nach einer veralteten Mode und hatte ein schwieriges Verhältnis zu den weiblichen Angestellten seines Haushalts. Die meisten Ergebnisse seiner vielfältigen Experimente blieben zu Lebzeiten unveröffentlicht. Ihm verdanken wir neben dem Knallgasexperiment auch die Bestimmung der Gravitationskraft und der Masse der Erde. Er benannte den von ihm entdeckten Stoff *Inflammable Air*, was so viel wie *leicht entzündliche, brennbare Luft* bedeutet. Einige Jahre später fand man heraus, dass beim Verbrennen der *brennbaren Luft* Wasser entstand. Es war der Franzose Antoine

Laurant de Lavoisier (1743–1794), jener Mann, dessen Forschungsergebnisse die Mediziner seiner Zeit dazu brachte, als Maßnahme gegen die Syphilis massenhaft ihre Patienten mit Quecksilberpräparaten zu vergiften, der Cavendishs Entdeckung umtaufte auf den Namen *Hydrogen*, was auf Altgriechisch so viel wie »Wassererzeuger« bedeutet.

Wasserstoff kommt unter Normalbedingungen nur als H_2-Molekül vor. Um dies zu begreifen, müssen wir uns mit dem Modell der Kugelwolke vertraut machen. Es wurde von dem amerikanischen Quantenchemiker George Elbert Kimball (1906–1967) entwickelt. Seine Kugelwolke steht in Verbindung mit dem Atomkern eines jeglichen Elements. In ihr schwirren entweder ein oder zwei Elektronen herum. Schwirrt nur eines darin herum, ist sie also nur halb besetzt. Je mehr Elektronen ein Element besitzt, desto mehr Kugelwolken umgeben den Atomkern. Beim Wasserstoffatom ist es nur eine einzige, und die ist auch noch lediglich halb besetzt. Aus elektromagnetischen Gründen will sie aber voll sein und verbindet sich deshalb mit der des Nachbaratoms zu einer einzigen Kugelwolke mit zwei Atomkernen. Das H_2-Molekül ist geboren.

Sein Molekulargewicht beträgt 2,016 g/mol. Man unterscheidet drei verschiedene Formen von Wasserstoffatomen: Protium, Deuterium und Tritium. Diese werden auch Isotope genannt und sind unterschiedlich schwer. Protium (^1H), das 99,985 Prozent des weltweiten Wasserstoffvorkommens ausmacht, ist der leichte oder »normale« Wasserstoff. Sein

Atom besteht aus einem Proton und einem Elektron. Deuterium (^2H), der schwere Wasserstoff, dessen Rolle beim Bau der Wasserstoffbombe bereits erwähnt wurde, hat zusätzlich zum Proton ein Neutron im Atomkern. Tritium (^3H), der überschwere Wasserstoff, der natürlich nur in verschwindend geringen Spuren vorkommt, besitzt zwei Neutronen und strahlt radioaktiv. Seine Halbwertszeit liegt bei 12,32 Jahren. Auf der Erde kommt Wasserstoff fast ausschließlich chemisch gebunden vor. Die häufigste Verbindung geht er bei uns mit Sauerstoff ein. Das H_2-Molekül hat sich mit einem Sauerstoffatom zu Wasser (H_2O) verbunden. Das Gewichtsverhältnis des H_2-Moleküls zum Sauerstoffatom liegt bei etwa eins zu acht.

Zusätzlich kommt Wasserstoff aber auch in sehr vielen Kohlenstoffverbindungen vor und ist somit nicht nur ein wichtiger Baustein im Puzzlekasten des Lebens, sondern auch Bestandteil fossiler Rohstoffe. Der Hauptbestandteil von Erdgas, Methan (CH_4) , setzt sich aus vier Wasserstoffatomen und einem Kohlenstoffatom zusammen. Bei Diesel oder Benzin liegt der Anteil nur noch bei etwa zwei zu eins. Mit anderen Worten entstehen bei der oxidativen Verbrennung von Methan zwei Wassermoleküle und ein Kohlendioxidmolekül (CO_2), dem »Übeltäter« in der gegenwärtigen Klimadiskussion. Bei der Verbrennung der landläufigen Flüssigkraftstoffe hingegen fällt bei einem gleichen Wasserdampfanteil im Abgas die doppelte Menge CO_2 an. Auch Braun- und Steinkohle bestehen selbstverständlich nicht ausschließlich aus Kohlenstoff.

Man redet vielmehr von hochmolekularen Kohlenwasserstoffen. Der Kohlenstoffanteil an der hochwertigen Steinkohle beträgt gewichtsmäßig je nach Einteilung über 50 Prozent, massemäßig liegt er bei über 70 Prozent.

Beim Gedanken an Wasserstoff fällt den meisten, kaum haben sie das Kopfkino einer H-Bombenexplosion im Pazifik hinter sich gelassen, direkt das nächste Horrorszenario ein: der Untergang der Hindenburg. Das Luftschiff wurde in einer Epoche entwickelt, als die Statussymbole des Fortschritts und der industriellen Entwicklung gerne mit den Namen von Massenmördern bedacht wurden. Paul Ludwig Hans Anton von Beneckendorff und von Hindenburg (1847–1934) war der Prototyp des *dirty old man*, der es sich auf seine alten Tage angelegen sein ließ, seine Hände mit dem Blut von Millionen zu besudeln. Nicht nur, dass er im Ersten Weltkrieg die Oberste Heeresleitung führte. In seiner Funktion als Reichspräsident der Weimarer Republik ernannte er am 30. Januar 1933 Adolf Hitler zum Reichskanzler. Bezeichnenderweise kam das Ende für die drei prominentesten Meisterwerke deutscher Ingenieurskunst, die den Namen des Feldmarschalls trugen, explosionsartig. Zu nennen sind die Hindenburgbrücke über den Rhein, ein Flugzeug des Typs Junkers G 38 und schließlich das berühmte Luftschiff, dessen Auftriebskörper als Traggas Wasserstoff enthielt.

Die Hindenburgbrücke war eine Stahlkonstruktion und wurde errichtet mit dem Zweck, Frankreich zu überfallen. Im Ersten Weltkrieg wurde folgerichtig ausgiebig von ihr Gebrauch gemacht, um Nachschub an die Front zu bringen. Im Zweiten Weltkrieg waren es erst die Sprengkraft von amerikanischen Fliegerbomben und anschließend das Dynamit eines Pionierkommandos der Wehrmacht, die ihr den Garaus machten. Die Amerikaner trachteten mit ihrer Aktion danach, das deutsche Hinüberkommen über den Rhein zu verhindern. Die Wehrmacht wollte dasselbe für die US-Army erreichen. Letzter Plan misslang bekanntlich, weil ein Stück weiter nördlich bei Remagen, die Ludendorff-Brücke, ebenfalls nach einem der großen Blutsäufer seiner Zeit benannt, den beidseitigen »Liebesbekundungen« standhielt und von amerikanischen Bodentruppen eingenommen wurde.

Die Junkers G 38 war einer von zwei Prototypen, die zum Transport von Waren und Passagieren entwickelt wurden und 1929 zum ersten Mal zum Einsatz kamen. Die viermotorigen Maschinen waren seinerzeit *State of the Art* und brachen bereits beim Jungfernflug diverse Rekorde. Sie konnte 5 000 Kilogramm Nutzlast transportieren und erreichte eine Höchstgeschwindigkeit von für damalige Verhältnisse sagenhaften 200 km/h. Tanks, Motoren und sogar ein Teil der Sitzplätze fanden in den großdimensionierten Flügeln Platz. Diese Wunderwerke der Technik waren allerdings in der Herstellung so teuer, dass es bei den beiden Prototypen blieb. Nachdem die 19 Passagiere fassende D2500 »Generalfeldmarschall von Hindenburg« lange Jahre im Dienste der Lufthansa eine Reihe von deutschen Städten auf dem Luftweg miteinander verband, wurde sie im Krieg von den Nazis zwangsrekrutiert und zum Angriff auf Griechenland missbraucht. Eine britische Tieffliegerstaffel ließ sie bei einem Angriff auf den Athener Flughafen in Flammen aufgehen.

Aber es war ausgerechnet der zivil genutzte Zeppelin LZ 129 »Hindenburg«, dessen Ende mit Knalleffekt sich in das Kollektivgedächtnis der Menschheit eingegraben hat. Mit knapp 250 Metern Länge war es das größte Flugobjekt, das die Menschheit je gebaut hatte, und Nazideutschlands ganzer Stolz. Es hatte Raum für 72 Passagiere, die in Kabinen mit fließend Warmwasser schliefen und von einem ganzen Schwarm von Crewmitgliedern umsorgt wurden. Auf den zwei bis zweieinhalb Tage währenden Transatlantikflügen, die mit 6 000 Reichsmark in etwa anderthalb durchschnittliche Jahresgehälter kosteten, wurden edle Speisen und erlesene Weine serviert. Sein 200 000 Kubikmeter Gas enthaltener Auftriebskörper aus Aluminiumgestänge war mit Wasserstoff gefüllt und enthielt auch die Fahrgasträumlichkeiten. Ursprünglich war eine Befüllung mit dem etwas schwereren, dafür aber nicht brennbaren Helium geplant. Doch dessen einziger Hersteller auf dem Weltmarkt, die USA, sträubten sich dagegen, das Edelgas an ein sich aufrüstendes Nazideutschland zu liefern, weil sie befürchteten, es könne zu militärischen Zwecken genutzt werden. Der Wasserstoff befand sich in einem komplizierten Kammersystem, das von einer spezialbeschichteten Außenhaut aus Baumwolle und Leinen umgeben war. Angetrieben wurde die Hindenburg von vier 16-zylindrigen Dieselmotoren. Die vierflügeligen Druckpropeller verliehen ihr eine Marschgeschwindigkeit von 125 Stundenkilometern.

Die Hindenburg flog nur etwas länger als ein Jahr. Auf dem 63. Flug, ausgehend von Frankfurt am Main, kam es am 6. Mai 1937 um 18:25 Uhr Ortszeit bei der Landung in Lakehurst, im amerikanischen Bundesstaat New Jersey, zur Katastrophe. Die Fahrt war bis auf schlechte Wetterverhältnisse ohne besondere Ereignisse verlaufen. 61 Crewmitglieder kümmerten sich um das Wohl von 39 Passagieren. Nachdem Kapitän Max Pruss große Kreise ziehend einen Gewittersturm abgewartet hatte, brachte er das hakenkreuzgeschmückte Luxusluftschiff über dem Landemast in Position. Am Boden wartete eine Gruppe von Personal, deren Job darin bestand, die Landeseile aufzufangen. Sobald diese jedoch den Boden berührten, kam es zur Explosion. Die Verbrennung des Auftriebskörperinhalts dauerte nur knapp eineinhalb Minuten. Dreizehn Passagiere, 22 Mitglieder der Crew und ein Mann des Bodenpersonals kamen ums Leben. Die Opfer verbrannten oder starben an den Folgen eines Sprunges aus zu großer Höhe. Erstaunlich ist, dass 62 Menschen den Absturz aus immerhin 80 Metern Höhe überlebten. Problematisch bei der Bergung der Opfer war vor allem der in Brand geratene Dieseltreibstoff. Die Aufnahmen des Absturzes sind bis heute ein Meilenstein der Filmgeschichte, ebenso wie die Livereportage des Journalisten Herbert Morrison aus der Geschichte des Radios nicht wegzudenken ist.

Die Unglücksursache wurde nie endgültig geklärt. Sie reichen von einer Bombe an Bord bis hin zu Bodenbeschuss. Am wahrscheinlichsten ist, dass im Zuge eines Wendemanövers als Folge des stürmischen Wetters im Innern des Auftriebskörpers ein Kabel riss und eine Anzahl der Wasserstoffkammern beschädigte, sodass der Wasserstoff mit dem Sauerstoff der Umgebungsluft in Berührung kam. Die nassen Kabel bewirkten in der elektrisch aufgeladenen Gewitteratmosphäre bei Bodenkontakt eine Erdung und somit ein Elmsfeuer, das den Wasserstoff zum Entzünden brachte.

Obwohl die Hindenburg beileibe nicht der erste und auch nicht der letzte Unglückszeppelin war – bereits 1930 kamen beim Absturz des britischen R101 in der Nähe von Paris 48 der 54 sich an Bord befindenden Menschen durch die Wasserstofffeuerwalze ums Leben –, so markierte ihr Untergang nicht nur das Ende der Verkehrsluftfahrt, sondern war insgesamt ein Schlag ins Kontor für den Gebrauch reinen Wasserstoffs im Transportwesen. Seither gilt die Wasserstofftechnologie im Bewusstsein der Menschheit als unberechenbar, schwer beherrschbar und gefährlich. Dabei darf man nicht übersehen, dass die oben erwähnten Vorgänge sich zu einer Zeit abspielten, als sich die Wissenschaftler förmlich überschlugen vor Begeisterung über das kleinste Atom, den Urbaustein des Kosmos, den Stoff, aus dem eben nicht nur das Wasser ist.

Bald schon hatte man erkannt, dass Wasserstoff durch seine Reaktionsfreudigkeit sozusagen überall in unserer Umwelt in Form chemischer Verbindungen anzutreffen ist. Die Verbindung von Wasserstoff mit Kohlenstoff, Kohlenwasserstoff genannt, ist zwar einerseits die simpelste in der organischen Chemie, andererseits jedoch unglaublich vielfältig, weil die Moleküle von unterschiedlichster Zusammensetzung, Struktur und Größe sein können. Sie liefern nicht nur die Grundbausteine allen Lebens, sie sind auch aus der chemischen Industrie nicht wegzudenken.

Erwähnenswert an dieser Stelle ist die Ringstruktur eines Kohlenwasserstoffs namens Benzol. Der Stoff, der ursprünglich als Nebenprodukt der Koksproduktion erhalten wurde, ist heute aus der petrochemischen Industrie nicht wegzudenken und liefert den Ausgangspunkt zu einer Vielzahl von Farben, Arzneimitteln, Pestiziden und Kunststoffen. Zudem ist er in Benzin enthalten. Entdecker der Ringstruktur des Benzols war ein deutscher Chemiker namens August Friedrich Kekulé aus Darmstadt. Kekulé hieß ursprünglich Kekule, den Akzent setzte er erst während seiner Lehrtätigkeit in Gent. Zu groß war wohl die Versuchung für seine französischsprachigen Schüler, ihn »Kekül« zu nennen und hinter seinem Rücken Witzchen zu reißen über die Endsilbe, die im Französischen genauso ausgesprochen wird wie *cul* (Arsch). Dieser illustre Gelehrte, der mit seiner Entdeckung sogar die Psychoanalytiker beschäftigte, behauptete 1890 in einem Traktat, folgenden Traum gehabt zu haben: Er saß im Halbschlaf in seinem Lehnstuhl und sah »Gebilde von mannigfacher Gestaltung … Alles in Bewegung, schlangenartig sich windend und drehend. Eine der Schlangen erfasste den eigenen Schwanz und höhnisch wirbelte das Gebilde vor meinen Augen.«[1]

So »erträumte« sich Kekulé die Ringstruktur des Benzolmoleküls.

Psychoanalytiker, die sich mit der Traumdeutung auskennen, nehmen an, dass Kekulé diesen Traum einfach erfunden hatte. Sie weisen darauf hin, dass der Wissenschaftler als junger Mensch Zeuge eines Mordes wurde, bei dem das Opfer verbrannte. Im anschließenden Prozess spielte ein Ring der ermordeten Person eine bedeutende Rolle, der zwei sich in den Schwanz beißende Schlangen symbolisierte. Ausgerechnet Kekulé, der den Hohn seiner Mitmenschen so schlecht ertragen konnte, wurde durch die – dem Zeitgeist geschuldete – Präsentation seiner Entdeckung von neidischen Kollegen zum Ziel öffentlichen Gespötts gemacht. So persiflierte die Gesellschaft Deutscher Chemiker im Zuge eines Bierabends Kekulés Veröffentlichung mit der Darstellung von sechs sich an Händen und Füßen fassender Affen. Von Bedeutung hierbei ist die Zahl sechs. Das ringförmig strukturierte Benzol-Molekül setzt sich nämlich aus sechs Kohlenstoffatomen zusammen, die an ebenso vielen Wasserstoffatomen andocken.

Fig. 1.

Fig. 2.

Wenn Chemiker Bier trinken und lustig werden.[2]

Einige Jahre nach dem Traum von Kekulé zu Beginn des zwanzigsten Jahrhunderts kam unter Wissenschaftlern die Hydrierung zur Herstellung synthetischer Kraftstoffe in Mode. Hierbei werden Wasserstoffatome unter hohem Druck und hohen Temperaturen mittels eines Katalysators an eine Kohlenstoffdoppelbindung gekoppelt. Unter anderem ist die Hydrierung für die Herstellung von Margarine maßgeblich. Bei dem Brotaufstrich wird der chemisch eingebaute Wasserstoff zur Härtung von Pflanzenölen genutzt. Ihr Erfinder, Wilhelm Normann (1870–1939), stammte aus Niedersachsen.

Zwei andere Methoden der Hydrierung, die zu dieser Zeit von deutschen Chemikern entwickelt wurden, waren indes von eher zweifelhaftem Nutzen für das Wohl der Menschheit im Speziellen und unseres Planeten im Allgemeinen. Die Rede ist von der Fischer-Tropsch-Synthese und dem Bergius-Pier-Verfahren. Während Normann mit seiner Erfindung Flüssiges hart machte, geht es bei letzteren beiden Hydrierungen darum, etwas Hartes – nämlich Kohle – in Flüssigkeit zu verwandeln.

Den Chemiker Friedrich Bergius (1884–1949) und seinen Kollegen Matthias Pier (1882–1965) einte die Begeisterung für Adolf Hitler. Er war es nämlich, der ihr vollkommen unwirtschaftliches Verfahren erst durch Schutzzölle künstlich am Leben hielt und Kohle anschließend zum kriegswichtigen, rüstungsstrategischen Rohstoff erklärte. Die Nazis waren die Einzigen, die das von den beiden Chemikern gemeinsam entwickelte Verfahren zum Umwandeln von Kohle in synthetisches Benzin flächendeckend anwandten. Die Herstellung von Kraftstoffen aus dem bereits flüssigen Erdöl ist, wie sich unschwer erraten lässt, weit weniger aufwendig und weitaus billiger. Um Wirtschaftlichkeit ging es den Nazis bei ihrem Schlachtzug durch Europa aber nicht wirklich. Für den Betrieb ihrer Kriegsmaschinerie brauchten sie Kraftstoff. Da Ölquellen in Deutschland rar gesät sind, mussten Alternativen her. Man kann also mit Fug und Recht behaupten, dass Bergius und Pier mit ihrer Erfindung dazu beigetragen haben, die Tragödie des Zweiten Weltkriegs überhaupt erst möglich zu machen. Dazu passt, dass Matthias Pier während des Krieges bei der IG Farben in der Funktion eines Direktors tätig war. Friedrich Bergius erhielt 1930 den Nobelpreis für Chemie.

Grob vereinfacht, geht es bei dem komplizierten Verfahren in einem ersten Schritt darum, durch Kohlevergasung unter Einsatz von klein gemahlener Kohle, Wasser und Sauerstoff in einem sogenannten Winkler-Generator reinen Wasserstoff zu gewinnen. In einem zweiten Schritt wird dieser Wasserstoff unter dem enorm hohen Druck von bis zu 700 bar und bei einer Temperatur von rund 500 Grad Celsius unter Beigabe eines Katalysators mit Kohlebrei in Verbindung gebracht. Aus den hierbei gewonnenen Kohlenwasserstoffen wurde in einem letzten Schritt, der sogenannten Gasphasenhydrierung oder Benzinierung, das fertige Benzin erstellt. Das erste Hydrierwerk, das nach dem Bergius-Pier-Verfahren funktionierte, wurde 1926 von der IG Farben in Leuna in Betrieb genommen. Die Leuna-Werke bescherten dem Chemiekonzern hohe Verluste. 1932 kam es zu einem Treffen der beiden später in den Nürnberger Kriegsverbrecherprozessen angeklagten IG-Farben-Direktoren Heinrich Bütefisch (1894–1969) und Heinrich Gattineau (1905–1985) mit Adolf Hitler. Sie bekamen von ihm die Zusage, im Falle einer Machtübernahme die Kohleverflüssigung durch Mindestpreisgarantien zu unterstützen. Bald schon sollte sich die anfängliche Fehlinvestition anständig auszahlen – der Preis, den die Welt dafür zu zahlen hatte, war indes überaus hoch. Bütefisch, der die Treibstoffherstellung in Auschwitz zu verantworten hatte, wurde in Nürnberg zu sechs Jahren Haft verurteilt, Gattineau mangels Beweisen freigesprochen.

Doch Bütefisch, Pier und Bergius waren nicht die einzigen Nazi-Chemiker, die an künstlichen Wasserstoff-Kohlenstoffverbindungen bastelten. Die Konkurrenz schlief nicht. Auch die von Franz Fischer (1877–1947) und Hans Tropsch (1889–1935) in den zwanziger Jahren ersonnene Fischer-Tropsch-Synthese war darauf angelegt, aus Kohle mittels Hydrierung einen flüssigen Treibstoff herzustellen. Auch das Syntheseprodukt einer sogenannten indirekten Hydrierung erlangte unter dem Namen Kogasin (*Ko*ks – *Gas* – Benz*in*) im Zweiten Weltkrieg traurige Berühmtheit. Bis Kriegsende errichtete die Ruhrchemie AG neun Werke, die nach dem ebenfalls völlig unwirtschaftlichen Verfahren arbeiteten. Es wundert nicht, dass ausgerechnet das Apartheidsregime Süd-Afrikas nach dem Zweiten Weltkrieg weiter auf diese Technik setzte. Durch gnadenlose Ausbeutung der schwarzen Kumpels gelang es der Firma SASOL (*South African Synthetic Oil Limited*) ab den fünfziger Jahren, ein halbwegs konkurrenzfähiges Produkt mittels Fischer-Tropsch-Synthese zu erstellen, das vor allem während der Wirtschaftssanktionen gegen das rassistische Regime Bedeutung erlangte. Neuerdings wird die Methode angewandt, um aus Biomasse, wie etwa Holz, Biodiesel herzustellen. Die ungute Tradition, in die sich der mehr als umstrittene Biosprit damit stellt, spricht für sich.

Natürlich können auch anorganische Verbindungen, Stoffe also, bei denen das Kohlenstoffatom keine Rolle spielt, durch Hydrierung entstehen. Die Liste ist lang und würde den Rahmen dieses Buches sprengen. Wer jedoch über forschende Nazis in Sachen Wasserstoff schreibt, kommt an zwei weiteren deutschen Chemienobelpreisträgern nicht vorbei: Fritz Haber und Carl Bosch. Das Haber-Bosch-Verfahren ist ein großtechnisches Verfahren der Ammoniaksynthese.

Werfen wir zunächst einen Blick auf ihre Formel:

$$\mathbf{N2 + 3H_2 \rightarrow 2NH_3}$$

Zwei Stickstoffatome (N) verbinden sich mit sechs Wasserstoffatomen (H) zu zwei Ammoniakmolekülen (NH). Ammoniak braucht man für die Herstellung solch nützlicher Dinge wie Kunstdünger und Sprengstoff. Mittels eines eisenhaltigen Katalysators werden unter dem enormen Druck von bis zu 350 bar und bei Temperaturen von 400 bis 500 Grad Celsius Stickstoff und Wasserstoff zur Reaktion gebracht. Die Luft, die wir atmen, besteht zu etwa 80 Prozent aus Stickstoff. Diese unerschöpfliche Quelle verstanden die beiden Wissenschaftler, mit ihrem Verfahren anzuzapfen und so der Pflanzenwelt einer industrialisierten Landwirtschaft zugänglich zu machen. Über die Nebenwirkungen der einst euphorisch als *Brot aus der Luft* gefeierten Düngemittelerzeugung brauche ich mich an dieser Stelle ebenso wenig auszulassen wie über die Tragödien, die mittels Sprengstoff an die Menschheit ausgeteilt werden. Erwähnenswert ist an dieser Stelle immerhin, dass Ammoniak auch als relativ umweltfreundliches und billiges Kühlmittel von Bedeutung ist.

Weltweit werden pro Jahr rund 200 Millionen Tonnen Ammoniak nach dem Haber-Bosch-Verfahren gewonnen. So weit, so gut, mag man denken. Immerhin klingt es so, als wäre das Zeug wenigstens »klimaneutral«. Kohlenstoff kommt in der Formel ja gar nicht vor, somit also auch nicht das notorische Kohlendioxid oder CO_2. Doch so einfach ist es nicht. Für das Haber-Bosch-Verfahren wird der benötigte Wasserstoff nämlich nicht selten mittels Dehydrierung von Erdöl und Erdgas gewonnen. Außerdem ist das Verfahren äußerst energieintensiv. Es zeichnet sich heutzutage verantwortlich für etwa zwei Prozent des weltweiten Energiebedarfs. Pro produzierter Tonne Ammoniak sind deshalb heutzutage eineinhalb Tonnen CO_2 fällig. Mithin gibt es auch hier gigantische Einsparmöglichkeiten, falls der sogenannte »grüne Wasserstoff« zum Einsatz kommt.

An dieser Stelle wird es Zeit für eine Unterscheidung: »Grauer Wasserstoff« wird aus fossilen Energieträgern chemisch abgezwackt, »Grüner Wasserstoff« hingegen mit Hilfe regenerativer Energien gewonnen, wie beispielsweise den Windrädern des Jürgen Fuhrländer, die überschüssigen Windstrom per Elektrolyseur in Form von Wasserstoff speichern und veredeln. Wie sich unschwer erraten lässt, ist nur der »grüne Wasserstoff« für eine konsequente Umsetzung sogenannter Klimaschutzziele interessant. Leider liegt sein Anteil an der weltweiten Produktion derzeit noch bei unter fünf Prozent.[3] Dies wird sich aber aller Voraussicht nach in den kommenden Jahren deutlich ändern.

Fritz Haber (1868–1934) erhielt für seine Errungenschaften im Bereich der Ammoniaksynthese im Jahr 1918 den Nobelpreis für Chemie. Während des Ersten Weltkriegs war er der wissenschaftlich Verantwortliche für die deutsche Giftgasproduktion. Höchstpersönlich überwachte er im Frühjahr 1915 beim ersten deutschen Gasangriff bei Ypern den Einsatz des von ihm entwickelten Haber'schen Blasverfahrens, mit dem über 150 Tonnen Chlorgas in die gegnerischen Gräben geblasen wurden. Ausgerechnet der Planer des Gaskrieges war mit der Frauenrechtlerin Clara Immerwahr (1870–1915) verehelicht. Die Tochter eines promovierten Chemikers war eine der ersten Frauen überhaupt, denen es gelang, in Deutschland die Doktorwürde zu erringen. Aus

Verzweiflung über das Treiben ihres Mannes wusste sie keinen anderen Ausweg, als den Freitod zu wählen. Haber war aber nicht nur ein Genie, was das Vergiften seiner Mitmenschen anging. Nach dem Krieg rückte er als Gründer der *Deutschen Gesellschaft zur Schädlingsbekämpfung* (Degesch) mit Blausäurepräparaten der Insektenwelt zu Leibe. Auf Basis dieser Präparate wurde später Zyklon B entwickelt, das es in den Gaskammern von Auschwitz zu trauriger Berühmtheit brachte. Der glühende Nationalist, der ab 1925 im Aufsichtsrat der IG Farben saß, hatte, bei allem Erfolg, ein Problem mit seiner Herkunft. Er war Jude. Seine Konvertierung zum christlichen Glauben half ihm nicht viel, als 1933 die Arierparagraphen griffen. Er starb als Ausgestoßener an einem eisigen Januartag in der Schweiz auf seinem Weg nach Palästina.

Carl Bosch (1874–1940) erhielt 1931 den Nobelpreis gemeinsam mit Friedrich Bergius für die »Entdeckung und Entwicklung chemischer Hochdruckverfahren«. Der Mann, der ab 1935 den Aufsichtsratsvorsitz der IG Farben innehatte, war nie ein Mitglied der NSDAP. Seine anfänglichen Zweifel an der Person Adolf Hitlers (»Den braucht man ja nur anzusehen, um Bescheid zu wissen.«[4]) sollten sich relativieren, als die Nazis für sein persönliches Fortkommen und die finanzielle Absicherung seiner Arbeit Bedeutung erlangten. Als er Hitlers Aussage vernahm, synthetischer Treibstoff sei »für ein politisch unabhängiges Deutschland zwingend notwendig«, hörte er wohl heimlich bereits die Kasse klingeln. Carl

Boschs Kommentar zu dem unheilverkündenden Spruch lautete: »Der Mann ist ja vernünftiger, als ich dachte.«[5]

Wie man sieht, kann mit Wasserstoff allerlei Unfug angefangen werden. Weltweit werden jährlich circa 500 Milliarden Kubikmeter Wasserstoff hergestellt. Mit 55 Prozent benötigt die Ammoniaksynthese den Löwenanteil davon. 25 Prozent entfallen auf Erdölraffinerien. Beim »Hydrotreating« wird dem Schweröl unerwünschter Schwefel entzogen. Beim »Cracking« hingegen geht es darum, die Ausbeute und die Kraftstoffqualität zu erhöhen, indem man mit Hilfe von H_2 und einem Katalysator langkettige Kohlenwasserstoffe in kürzerkettige umwandelt und gleichzeitig Verunreinigungen beseitigt. Der bei der sogenannten Bezinreformierung gewonnene Wasserstoff reicht hierfür allerdings nicht aus. Daher behilft sich die Petrochemie mit Erdgasreformierung. Im emsländischen Lingen betreibt BP eine Raffinerie, die in Zusammenarbeit mit Audi den Einsatz von »Windwasserstoff« testet. Große Mengen des offshore produzierten Windstroms verpuffen nämlich ungenutzt, da derzeit am Ende des zweiten Jahrzehnts im neuen Jahrtausend in Deutschland immer noch die Netze mit billiger Elektrizität aus der Kohleverstromung blockiert werden. Die Petrochemie nutzt dankbar die Chance für ein klein wenig *greenwashing*. Weitere zehn Prozent der globalen Wasserstoffproduktion werden für die Herstellung von Methanol genutzt. Der giftige »Holzalkohol« trägt neben einem Sauer- und einem Kohlenstoffatom vier Wasserstoffatome in seiner Molekülstruktur. Der auch in der

Natur vorkommende Stoff kann katalytisch aus Kohlenmonoxid und Wasserstoff gewonnen werden und ist ein wichtiger Grundstoff für die petrochemische Industrie. Es verbleiben immerhin zehn Prozent »sonstiger Nutzung«, zu der auch die energetische Verwendung im Transportwesen und die Gebäudebeheizung gehören.

Lange Zeit hielt man Wasserstoff für ein permanentes Gas, das seinen Aggregatzustand nicht wechseln kann. Wasserstoff in flüssiger oder gar fester Form galt als unmöglich. Und doch hat er einen Siedepunkt. Er liegt unter normalen Druckverhältnissen bei unvorstellbar kalten minus 252,76 °C nicht weit entfernt von dem absoluten Temperaturminimum, minus 273,15 °C. Dieser Stoff wird in der Fachwelt – abgeleitet aus dem englischen *liquid hydrogen* – LH_2 genannt. H_2 kommt aber in noch zwei weiteren Aggregatzuständen vor. Einmal als Plasma und zum anderen als sogenannter *Slush,* einer Art Wasserstoffmatsch. Als Plasma kommt H_2 nicht nur hochverdünnt im gesamten Weltall vor, sondern auch innerhalb der Sonnen und höchstwahrscheinlich sogar im Inneren unseres Planeten Erde. Aus Wasserstoffplasma ist der Menschheitstraum, mittels kontrollierter Kernfusion das Feuer der Sterne nachzubauen und dadurch Energie in unbegrenzter Menge zur Verfügung zu haben. Die Hürde bei diesem Unterfangen liegt darin, hauptsächlich »schweren Wasserstoff«, wie die beiden in der Natur extrem selten vorkommenden Isotope Deuterium und Tritium auch genannt werden, auf viele Millionen Grad Celsius zu erhitzen. 2016 gelang dies zum ersten Mal für die Zeit von etwa einer halben Sekunde in der Greifswalder Kernfusion-Forschungsanlage *Wendelstein 7-X*. Es war einer von Angela Merkels großen Momenten, als Kanzlerin der Physik in Greifswald den Knopf zu drücken, der die Weltpremiere einläutete. Glaubt man den Prognosen der Wissenschaft, wird *homo industrialis* sich ab Mitte dieses Jahrhunderts in der Lage befinden, mittels Kernfusion aus vier Eimern Wasser etwa so viel Energie zu erzeugen, wie heutzutage mit 40 Tonnen Kohle gewonnen wird.[6] 2020 begannen im französischen Cadarache die Arbeiten am bis dato größten Kernfusionsreaktor der Welt namens Iter (International Thermonuclear Experimental Reactor), in dem eine gezähmte Mini-Sonne zur Energieversorgung beitragen soll. Da die Reaktion bei extrem hohen Temperaturen von mehreren Millionen Grad Celsius stattfindet, bei denen jegliches Material sofort verdampfen würde, findet sie in einem Magnetfeld statt. Auch beim Kernfusionsreaktor kommen radioaktive Stoffe zum Einsatz und es entsteht radioaktiver Müll. Ob es jemals gelingen wird, eine positive Energiebilanz aus ihm zu ziehen, ist mehr als unsicher. Bisher wird jedenfalls noch erheblich mehr Energie in die Reaktion hineingeführt, als man herausbekommt.

Kommen wir zum *Slush*. Als Schüler wurde mir das Privileg zuteil, ein Austauschjahr an einer amerikanischen Highschool absolvieren zu dürfen. Auf die Art kam ich nach Denver, Colorado, und begab mich in die Obhut einer liebevollen

Gastfamilie. Ich besuchte die East High und hatte eine vergnügliche Zeit. Meine Gastschwester übernahm es, mich mit den Eigenheiten der amerikanischen Kultur vertraut zu machen. Sie war es, die mir mein erstes *Slush* spendierte. Der »Schneematsch« befand sich in einem gekühlten Plexiglasbehälter und wurde mittels eines rotierenden Rührgeräts in der erforderlichen Konsistenz gehalten. Das Zeug besaß die Farbe eines Schlumpfes, schmeckte ekelhaft nach künstlichen Aromastoffen und war obendrein viel zu süß. Da lobe ich mir doch eine italienische *Granita*. Anders als sein an Gestein erinnernder Name vermuten lässt, hat es dieselbe Konsistenz wie *Slush*, schmeckt aber deutlich besser. Von Wasserstoffslush zu naschen, ist hingegen in jeglicher Form abzuraten. Der ist zwar höchstwahrscheinlich absolut geschmacksneutral, aber mit -259 °C einfach zu kalt. Gerade einmal sechs Grad machen den Unterschied zu flüssigem Wasserstoff. In diesem tiefen Temperaturbereich ist jedes Grad eine äußerst teure und komplizierte technische Herausforderung. *Slush* hat gegenüber LH_2 eine um circa 25 Prozent höhere Dichte und ein dem entsprechend höheres Energiepotenzial. Heutzutage wird dieses bereits in der Raumfahrttechnologie genutzt. Die europäische Trägerrakete Ariane 5 verbrennt in ihrer Hauptbrennstufe ein Gemisch aus flüssigem und festem Wasserstoff. Das Patent für diesen Treibstoff wurde von der österreichischen Firma Magna Steyr angemeldet. Die Österreicher machten sich bei der Entwicklung Erfahrungen aus der Kunstschneeproduktion zu Nutze. Ähnlich wie in einer Schneekanone werden die *Slush*-Kristalle auf eine bestimmte Größe gebracht, um eine optimale Fließfähigkeit zu gewährleisten. Die derzeit in Deutschland existierenden, circa einhundert Wasserstofftankstellen werden mit Hilfe von supraisolierten Tankwagen mit flüssigem Wasserstoff versorgt. Für den Verflüssigungsvorgang werden circa zwanzig Prozent der im Wasserstoff enthaltenen Energie aufgebraucht. Trotz sehr guter Isolierung erwärmt sich der H_2-Treibstoff und breitet sich aus. Wird nicht regelmäßig abgezapft, entweicht der Wasserstoff über ein Überdruckventil, damit die Kryo-Tanks nicht bersten. Ein Vorgang, der in der ersten Hälfte der 2020er Jahre wohl sehr häufig an unseren Wasserstofftankstellen vorkommen dürfte, angesichts der äußerst überschaubaren Flotte von Wasserstoffautos auf unseren Straßen. Diese ist eine Folge der einseitigen Festlegung auf eine finanzielle Förderung des Kaufs von Batterieautos seitens der Politik. Während Wasserstoff vom bestehenden Tankstellennetz aus verteilt werden kann, muss die Ladeinfrastruktur für Batteriefahrzeuge komplett neu aus dem Boden gestampft werden. Man kann behaupten, dass es dieselbe Machtelite ist, die gestern die Chancen der Wasserstofftechnologie konsequent verpennt hat und uns immer tiefer in die energetische Abhängigkeit von Russland führte, die uns heute eine schmutzige Technologie, welche zudem nach wie vor mit schmutzigem Strom betankt wird, als zukunftsweisenden »Klimaretter« zu verkaufen versucht.

Farbenspiele

»Grün, grün, grün sind alle meine Kleider,
grün, grün, grün ist alles, was ich hab.«

Traditionelles Volkslied, 19 Jhdt.

»Alles so schön bunt hier.«

Nina Hagen

Wasserstoff ist ein farbloses Gas. Dennoch unterscheidet man zwischen »grünem«, »grauem«, »blauem« und in letzter Zeit auch noch »türkisem« Wasserstoff. Es wird Zeit, dass wir uns noch einmal vor Augen zu führen, was sich hinter dem Schlagwort »grüner« Wasserstoff verbirgt und was ihn zum Beispiel vom »grauen« unterscheidet beziehungsweise wo die Grenzen verschwimmen. Grauer Wasserstoff, den die Industrie in großer Menge etwa zur Düngemittelherstellung verbraucht, wird nicht nur aus Erdgas, Kohle oder Erdöl gewonnen, sondern auch aus der Elektrolyse mittels Atomstrom. Heutzutage entstammt immer noch nur etwa fünf Prozent des weltweit produzierten Wasserstoffs aus der mit regenerativen Energiequellen betriebenen Elektrolyse und kann somit als »grün« bezeichnet werden. Laut der Wasserstoffstudie des Ölkonzerns Shell von 2017 ist dieser Strom in seiner Gesamtbilanz nur zu etwa 70 Prozent wirklich regenerativ. Die übrigen 30 Prozent stammen aus fossilen Energieträgern wie Kohle oder Erdgas und werden benötigt, um den Stahl für die Windräder oder das Glas für die Solarzellen zu schmelzen, für den Transport der Bauteile, für den Aufbau und am Ende die Entsorgung der Anlagen. Hier gibt es zukünftig gewiss noch eine Menge Stellschrauben zu drehen, um eine Optimierung zu erreichen. Die Stahlschmelze etwa ist per Lichtbogen auch mit Wasserstoffstrom möglich. Dies macht aber unter Emissionsgesichtspunkten nur dann Sinn, wenn dieser »grün« ist. Wenn es um die Neutralität von Shell-Zahlen in Sachen Wasserstoff geht, sind Zweifel sicherlich angebracht. Ganz aus der Luft gegriffen dürften sie dennoch nicht sein. Dass Shell überhaupt eine solche Studie anfertigen lässt, zeigt in meinen Augen nichts weniger als die Zukunftsängste, die den fossilen Dinosaurier plagen. So viel sei bis hierhin gesagt. An späterer Stelle werden wir die Studie ein wenig genauer unter die Lupe nehmen.

Neben Energie aus Wind-, Wasser- oder Sonnenkraft gilt auch die Energiegewinnung aus Biomasse als »grüne« Technologie. Wer jemals im Sommer vor einem jener Megafelder stand, auf dem »Energiemais« angebaut wird, wird diese Farbgebung auf den ersten Blick sicherlich für sinnvoll halten. Aus Biomasse kann natürlich auch in verschiedener Form Wasserstoff gewonnen werden. Entweder man zieht ihn direkt per Dampfreformierung aus den Molekülen der Gärungsgase heraus oder per Pyrolyse oder Plasmalyse aus den Feststoffen. Natürlich kann auch der per Biogasverbrennung gewonnene elektrische Strom für die Elektrolyse genutzt werden. Die Frage ist, ob ein solcher Wasserstoff wirklich als »grün« einzustufen wäre. Die Problematik der Landwirtschaft als Energielieferanten habe ich ja bereits angeschnitten. Abgesehen davon, dass es vor dem Hintergrund des globalen Hungers und des Artensterbens durch die intensive Landwirtschaft ohnehin von vornherein eine perverse Idee war, aus Nahrungsmitteln Kraftstoff zu gewinnen, hat die Zeit gezeigt, dass die vermeintliche »Klimafreundlichkeit« heutiger »Bio«-Kraftstoffe eine mehr als zweifelhafte Angelegenheit ist. Man halte sich nur folgende, alltäglich geschehende Abläufe vor Augen: Erst wird Wasserstoff aus der Reformierung von Erdgas oder sogar Kohle genommen, um via Ammoniaksynthese Kunstdünger herzustellen. Als Nächstes geht man hin und holzt in den Tropen die Urwälder ab oder bricht in unseren Breiten wertvolles Grünland um (beides bedeutende CO_2-Speicher), damit Flächen für die Energiepflanzen gewonnen werden. Sodann wird mit Pestiziden nicht gespart und solange eine Tier- und Pflanzenart nach der anderen ausgerottet, bis man – unter hohem Verbrauch von herkömmlichen Diesel für schwere und bodenschädliche Agrarmaschinerie – die gewünschte Menge an

Biomasse herangezüchtet hat. Sowohl Dünger als auch die Kraftstoffe werden nicht selten über weite Strecken, ja ganze Ozeane hin und her transportiert, was wieder einen Haufen Energie kostet und nebenbei eine Menge Kohlendioxid erzeugt. Diese Kraftstoffe dann zu verwenden, um am Ende wieder Wasserstoff entstehen zu lassen, setzt dem Wahnsinn die Krone auf. Bei uns wird Biogas hauptsächlich aus den zu Energiepflanzen herabgewürdigten Getreidesorten Mais, Weizen oder Roggen hergestellt. Auch Holz kommt zum Einsatz, was nichts Anderes heißt, als dass ganze Wälder in den Reaktoren verschwinden. Zudem werden nicht nur Gülle, sondern auch Tierkadaver und Schlachtabfälle aus tierquälerischer Massentierhaltung herangezogen.

Es geht jedoch auch anders. Das »Netzwerk Lebensraum Feldflur« verfolgt den Ansatz, Biogas aus mehrjährigen Wildpflanzen beziehungsweise aus speziellen Blühpflanzenmischungen zu erzeugen. Mit derlei Kulturen könnte dem Biodiversitätsverlust gezielt entgegengewirkt werden. Säugetiere, Vögel und Insekten finden Nahrung, Deckung und Nistmöglichkeiten in solchen Lebensräumen. Die Energieausbeute ist zwar geringer als bei Silomais. Dafür entfallen das Pflügen sowie das Düngen und teure Pestizide brauchen auch nicht gekauft und ausgebracht werden. Dazu kommt die touristische Aufwertung, wenn blühende Landschaften die grünen Maiswüsten ersetzen. Die Aktion »Bienenstrom« der Stadtwerke Nürtingen zeigte, dass die Endverbraucher gerne bereit sind, zum Wohle der Natur ein wenig tiefer in die Tasche zu greifen. Lerche, Hase, Igel und Rebhuhn wäre ein Umschwenken der Biogaspolitik in diese Richtung genauso zu wünschen wie unseren malträtierten Böden. Wasserstoff von der pestizidverseuchten Maiswüste, aus Massentierhaltungsgülle oder Ähnlichem muss allein schon wegen seiner Schädlichkeit für die Biodiversität zwingend als ebenfalls »grau« eingestuft werden!

Was aber verbirgt sich hinter dem »blauen« Wasserstoff? Hierbei handelt es sich um eigentlich »grauen« H_2, den man aus fossilen Kohlenstoffverbindungen gewinnt, bei dem aber das beim Herstellungsprozess entstehende Kohlendioxid nicht in die Atmosphäre geblasen wird. Vielmehr soll es per CCS (Carbon Capturing and Storage) in Hohlräume unter die Erde gepresst werden. Kritiker von besagtem CCS vertreten in der Regel folgenden Standpunkt: »Wenn schon über der Erde nicht genug Platz für das durch unsere Lebensweise emittierte CO_2 ist, wie soll das Zeug dann unter die Erde passen?« Jeder, der den gesunden Menschenverstand bemüht, wird diesen Einwand als stichhaltig ansehen. »Blauer« Wasserstoff ist der verzweifelte Versuch der Fossildinosaurier, mitgenommen zu werden auf dem Weg in die Wasserstoffgesellschaft. Ein wenig anders stellt sich die Sache beim »türkisen« H_2 dar. Hierbei entstehen aus Methan (also in der Regel Erdgas), das mittels Grünstrom in seine Bestandteile zerlegt wird, Wasserstoff und fester Kohlenstoff, der immerhin stofflich weiterverwertet werden kann. Der Vorteil liegt am geringeren Energieaufwand, der hierbei vonnöten ist.

Der Nachteil ist ganz klar die Weiterführung unserer Abhängigkeit von immer aggressiver auftretenden fossilen Energielieferanten, wie beispielsweise Russland oder Saudi-Arabien, oder aber ein Festhalten an schädlichen Praktiken, wie etwa dem Fracking.

Wem dem alles noch nicht bunt genug ist, für den habe ich noch ein Farbenspiel auf Lager: »neongelber« Wasserstoff. Dank der Initiative des französischen Präsidenten Emmanuel Macron wird Atomstrom seit dem Sommer 2022 als »grün« eingestuft. Immerhin ist er ja »klimaneutral«. Somit erscheint der ehemals »graue« Wasserstoff aus der Nuklearstromelektrolyse auf einmal im »grünen« Gewand. Vor dem Einmarsch Russlands in die Ukraine, war das angegriffene Land als einer der Hauptlieferanten von solch grün eingefärbtem Atomstromwasserstoff im ernsthaften Gespräch. Immerhin steht das Land der Tschernobylkatastrophe im internationalen Vergleich der Atomstromproduzenten auf Platz sieben.[1] Ich bin der Meinung, bei der Farbgebung wäre eben jenes Neongelb, das vor Strahlung warnt, eine ehrlichere und adäquatere Farbe für solcherlei H_2.

Abheben

»Im Traum zu fliegen, ist eine Hervorhebung des eigenen Freiheitsgefühls.«

Traumdeutung

Damit wären wir thematisch gewissermaßen wieder bei jenem Teil des vorletzten Kapitels angelangt, der von dem Streben des Menschen handelt, sich selbst, beziehungsweise Produkte seines Erfindungsreichtums, in die Lüfte zu erheben. Wie so oft war auch hier der Krieg der Vater der technischen Entwicklung. Bereits im Jahr 1849 ersann Baron Franz von Uchatius (1811–1881) – wiederum ein Österreicher – bei der Belagerung von Venedig das Konzept der Ballonbombe. Mit Wasserstoff befüllte Papierballons sollten ihre Bombenlast in die für Geschützfeuer zu weit entfernte Lagunenstadt tragen. Die Zündung der Bomben erfolgte über eine langsam abbrennende Zündschnur. Der Vernichtungseffekt dieser Höllenmaschinen war eher gering, weil küselnde Winde sie in alle möglichen Himmelsrichtungen trugen, nur nicht zu den Palästen der Dogen und Kaufleute.

Immerhin explodierte einer der Sprengkörper in Murano. Wie viel Glas dabei zu Bruch ging, ist unbekannt. Die psychologische Wirkung auf die Kampfmoral der Venezianer indes war beträchtlich. Am 2. August, zermürbt von den am Himmel schwebenden Bomben, kapitulierte die Stadt.

Im Zweiten Weltkrieg besannen sich sowohl Japan als auch Großbritannien auf das Konzept. Die Briten schickten im Zuge der *Operation Outward* nahezu hunderttausend Wasserstoffballons über den Ärmelkanal, die entweder ein Stahlseil zur Zerstörung von Oberleitungen oder Brandsätze zum Entfachen von Waldbränden nach Nazideutschland tragen sollten. Die Japaner ließen Ballonbomben aufsteigen, um flugzeugträgergestützte amerikanische Bomberangriffe zu beantworten. Auch bei diesen Einsätzen war die Trefferquote gering, die psychologischen Resultate indes nicht zu unterschätzen. Militärisch wirklich wirksam waren die an Stahlseilen befestigten Wasserstoffballons, mit denen die Briten ihre Industrieanlagen während des Luftkrieges vor deutschen Bomberangriffen schützten.

Wenig später, in den 1950er-Jahren, ging es wieder darum, mit Hilfe von Wasserstoff Bomben zu transportieren – diesmal jedoch an Bord eines der ersten Düsenjets, des B-57 Bombers der US Air Force. Bereits der Erfinder des Strahltriebwerks, Hans Joachim Pabst von Ohein (1911–1998), hatte 1937, im Jahr des Hindenburg-Unglücks, seine weltweit erste Gasturbine mit Wasserstoff getestet. Doch es waren die Amerikaner, die sich als Erste trauten, mit LH_2 im Tank wirklich abzuheben.[1] Auch die Russen zogen nach. 1988 wurde in der UdSSR eine Tupolew 154 entsprechend umgebaut, sodass ihr linkes Triebwerk mit LH_2 betrieben wurde. Eigentlich ging es den Sowjets bei diesem Experiment darum, die Möglichkeit zu eruieren, ein Passagierflugzeug mit Erdgas betreiben zu können. Der Betrieb mit Flüssigwasserstoff war nur eine Zwischenstufe. Am Ende klappte beides. Der auf Tupolew 155 umgetaufte Prototyp absolvierte seinen Jungfernflug mit Flüssigwasserstoff am 15. April 1988. Der Erstflug mit Erdgasantrieb folgte am 18. Januar 1989.

Der Vorteil von LH_2 gegenüber herkömmlichem Kerosin: Es hat einen um den Faktor 2,8 höheren Verbrennungswert. Das heißt mit anderen Worten, dass 36 Prozent der Masse von LH_2 ausreichen, um dieselbe Leistung zu erzielen, die ein Triebwerk erzeugt, das mit Kerosin gefahren wird. Gasturbinen lieben Wasserstoff, weil er so absolut sauber verbrennt. Die Möglichkeiten, mit »grünem« Wasserstoff die CO_2-Bilanz des vielgeschmähten Luftverkehrs zu verbessern, sind also gewaltig. Die Crux an der Geschichte ist lediglich das wesentlich höhere Volumen von LH_2 gegenüber Kerosin. Bei gleicher Energieleistung ist es etwa viermal so groß. Es müssten also Passagiermaschinen gebaut werden, deren gewaltige Tanks auf Kosten der Zahl der Passagiere gingen. Dieser Nachteil relativiert sich ein wenig angesichts der Tatsache, dass der darin enthaltene Flüssigwasserstoff ein wesentlich geringeres Gewicht als der herkömmliche Treibstoff hätte.

Das Jahr 1990 brachte den Deutschen die Wiedervereinigung, der Sowjetunion den wirtschaftlichen Zusammenbruch und der Welt das Ende des Kalten Krieges. Plötzlich zum Freund geworden, zeigte das um fünf Bundesländer gewachsene Deutschland Interesse am russischen Wasserstoffflugzeug. Man einigte sich auf eine Zusammenarbeit und begann mit Studien auf Basis des Airbus 310. Das Projekt bekam den Namen *Cryoplane* verpasst, was so viel wie Kühlflugzeug heißt und sich auf die niedrigen Temperaturen von LH_2 bezieht. Von 2000 bis 2002 kooperierten elf Mitgliedstaaten der EU unter Federführung von Airbus, ausgestattet mit einem an der Bedeutung des Projekts gemessenen eher mageren Budget von 4,5 Millionen Euro, an der Forschung zu Cryoplane. Man kam zu dem Ergebnis, dass Cryoplane ohne Weiteres technisch machbar sei. Auch die zu erwartende Steigerung der Betriebskosten von vier bis fünf Prozent hielt sich im Rahmen. Was die Sicherheit angeht, wäre das Cryoplane herkömmlichen Fliegern sogar überlegen, weil Wasserstoff durch seine Leichtigkeit allein nach oben entweicht. Im Falle einer Bruchlandung käme es nicht zur gefürchteten Kerosinlache, die sich unter dem Flugzeug bildet und die Absturzstelle in ein Flammenmeer verwandelt. Trotzdem wurde das Projekt nach seinem Abschluss heimlich, still und leise in der Schublade versenkt, unter anderem mit dem Hinweis darauf, dass der für eine Realisierung des Cryoplane benötigte »grüne« Wasserstoff in absehbarer Zeit nicht zur Verfügung stehen würde. Diese Entwicklung ist für das Wohl unseres Planeten vor allem deshalb besonders tragisch, weil der Flugverkehr das Klimagas Kohlendioxid genau dort produziert, wo es wohl einerseits tatsächlich am meisten Schaden anrichten kann und wo andererseits keine Bäume wachsen, die es wieder aus der Luft herausfiltern könnten: in unserer Atmosphäre.

Aber die Wasserstoffpioniere unter den tollkühnen Männern in ihren fliegenden Kisten geben nicht auf. Als es nichts wurde mit dem Einsatz von LH_2 im großen Düsenvogel, haben sie ihr Interesse dem Kleinflugzeug zugewandt, das elektrisch von einer Brennstoffzelle angetrieben wird. Die Antares DLR-H_2 war das erste bemannte Flugzeug, bei dem von den Ingenieuren des Deutschen Zentrums für Luft- und Raumfahrt (DLR) komplett auf diese Technologie gesetzt wurde. Am 7. Juli 2009 gelang sein Erstflug. Der Motorsegler verfügt über eine Spannweite von zwanzig Metern, ein Leergewicht von circa 460 Kilogramm und eine Reichweite von über 750 Kilometern. Er erreicht eine Höchstgeschwindigkeit von 170 km/h.

Der Erstflug des Nachfolgemodells Antares H3 wurde für das Jahr 2011 geplant. Leider wurde ihm das Schicksal zuteil, auf immer am Boden bleiben zu müssen. Zu groß waren die Ambitionen und mit ihnen die technischen Herausforderungen. Sein Erschaffer, der Techniker Axel Lange, wurde nach dieser Pleite von Projektleiter Josef Kallo gefeuert.

Mit der HY4 wagte Kallo einen Neuanfang. Die Doppelrumpfkonstruktion ist in der Lage, vier Personen zu befördern. Ihre Brennstoffzelle wird bei Start und Steigflug zur Leistungssteigerung von einer Lithium-Ionen-Batterie unterstützt. Die HY4 erlebte ihren Erstflug am 29. September 2016. Je nachdem, ob ihr Tank mit 350 bar oder mit 700 bar Druck betankt wird, erzielt sie eine Reichweite von 750 beziehungsweise 1 500 Kilometern. Ihre Reisegeschwindigkeit liegt bei rund 150 km/h, die Höchstgeschwindigkeit bei 200 km/h. Leer wiegt sie 650, voll 1 500 Kilogramm.

Auch Boeing experimentiert mit LH_2. Neben einem bemannten Elektroflugzeug auf Basis einer *Diamond HK36*, das im Februar 2008 mit einer Brennstoffzelle und einer Lithium-Ionen-Batterie das erste Mal startete, gilt das Interesse der amerikanischen Flugzeugbauer dem militärischen Einsatz einer unbemannten Drohne zu Überwachungs- und Aufklärungszwecken. Die *Phantom Eye* ist mit einem Wasserstoffverbrennungsmotor ausgestattet und soll in der Zukunft mit einem vier Maschinen umfassenden System vierundzwanzig Stunden am Tag, sieben Tage die Woche einsatzfähig sein.

Auch hier sind die Dinge im Fluss. Im Oktober 2019, während des ersten Hamburger Wasserstoffsymposiums für die Big Player der Wasserstoffwirtschaft, platzte mir bei einer Podiumsdiskussion zwischen Marc Grünewald, der bei MAN den Bereich Green Energies leitet, und seinem Gegenspieler, Thorsten Luft, dem Vice President der Lufthansa AG, die über synthetische E-Fuels redeten, der Kragen. Grüner Wasserstoff, mit Abfallkohlendioxid aus der Industrieproduktion synthetisiert, soll helfen, die CO_2-Bilanz des Luftverkehrs aufzuhübschen, so der Plan. Ich meldete mich zu Wort und gab vor den rund 800 Delegierten zu bedenken, dass durch Cryoplane bewiesen worden sei, dass Flugzeuge längst dazu in der Lage sind, mit reinem H_2 zu fliegen, wir den Quatsch mit den E-Fuels folglich gar nicht nötig hätten. Der Lufthansa-Mann bekam einen roten Kopf und riet mir, dies doch mal Airbus zu sagen. »Nein. Sagen Sie es doch Airbus. Schließlich sind Sie ein wichtiger Mann bei Lufthansa und ich nur ein kleiner Schriftsteller«, entgegnete ich ihm. Beim Kaffee, der im Anschluss gereicht wurde, kam ein Mann auf mich zu, der seinerzeit über den Gaskonzern Linde an dem Projekt beteiligt gewesen war. Ich habe recht gehabt mit meinem Beitrag. Cryoplane sei eine gute Sache gewesen. Ein Problem damals war, dass beim Druckabbau der Wasserstoff durch die Außenhaut des Tanks entweichen konnte. Im Flugbetrieb war das kein Problem. Da baute sich der Druck über die Düsenverbrennung ab. Nur musste man das Flugzeug halt mit den Passagieren an Bord betanken und dann direkt abheben lassen, um dieser Sache Herr zu werden. Das wiederum stieß auf regulatorischen Widerstand, weil Flugzeuge nur ohne Passagiere betankt werden dürfen. Regulatorien im internationalen Luftverkehr zu ändern sei äußerst schwierig.

Rund ein Jahr nach meinem Auftritt in Hamburg, bei welchem ich mich mit meinem bunten, mit lustigen Südsee-Masken bedruckten Hemd deutlich von der Masse der grauen Anzüge abgehoben hatte, präsentiert Airbus im Rahmen der Initiative ZeroE drei Konzepte für Wasserstoffflugzeuge: *Turbofan* soll als Düsenmaschine eine Reichweite von 3 700 Kilometern erreichen und bis zu 200 Passagiere zuladen können. *Turboprop* ist als brennstoffzellengetriebene Propellermaschine gedacht, die 100 Passagiere 1850 Kilometer weit befördern soll. *Blended-Wing.Body* hingegen ist ein futuristisch anmutendes Konzept, bei dem Rumpf und Flügel miteinander verschmelzen. Es wird ebenfalls mit Brennstoffzellen ausgestattet, die eine Reihe von Propellern im Heck antreiben. Wiederum zwei Jahre später, im Frühjahr 2022, eröffnet Airbus der interessierten Fachwelt, ab 2035 einen umgebauten Wasserstoff-A380 in Serie bauen zu wollen. Den grünen Wasserstoff für seinen Betrieb soll das australische Unternehmen *Fortescue Future Industries* liefern. Sein Chef, Andrew Forest, dessen Bergbauunternehmen der weltweit viertgrößte Produzent von Eisenerz ist, hat sich zum Ziel gesetzt, bis 2030 15 Millionen Tonnen grünen Wasserstoff im Jahr herzustellen.[2]

Auch H_2-Helikopter werden demnächst abheben, die Lüfte zu erobern. Einer der Vorreiter auf diesem Segment ist die Piasecki Aircraft Corp. aus Pennsylvania. In Zusammenarbeit mit der deutschen Firma edm aerotec wird an einem Modell gearbeitet, das mit einer 80-Megawatt-Brennstoffzelle ausgestattet 2023 zum Jungfernflug ansetzen soll. Es wird erwartet, dass es im Betrieb fünfzig Prozent der Kosten gegenüber herkömmlichen Modellen einsparen wird.

H_2-Helis sind eine gute Überleitung zu einem Thema, das verspricht in Zukunft richtig spannend zu werden: Flugtaxis – die Vorstufe zu fliegenden Autos. Während batteriebetriebene Versionen nur für die Kurzstrecke taugen, was vor allem am hohen Gewicht des Speichermediums liegt, hat BMW im wahrsten Sinne des Wortes »hochtrabendere« Pläne. In Zusammenarbeit mit dem kalifornischen Start-up Alaka'i arbeitet das Unternehmen an einem Sechssitzer, der in der Lage sein soll, die Distanz zwischen Hamburg und München zu bewältigen – also rund 600 Kilometer. Der Konkurrent aus Baden-Württemberg, Mercedes, hingegen arbeitet mit Volocopter zusammen. In Singapur werden perspektivisch 2024 die ersten senkrechtstartenden Flugtaxis von einem »Voloport« aus Singapurs Flughafen mit der Stadt verbinden. Was anfangs pilotiert erfolgen wird, soll in einem zweiten Schritt vollautomatisch und satellitengestützt stattfinden. Volocopter-Boss Florian Reuter hält die Entwicklung für »das neue iPhone«. Erst einmal werden die Flugtaxis mit Batterie betrieben werden. Doch im Podcast »Chefgespräche« der Wirtschaftswoche gibt Florian Reuter folgenden Satz zu Protokoll: »Wasserstoff spielt auch bei unseren Plänen eine große Rolle.«[3] Ähnlich wie bei E-Autos, die zu einem Leben auf dem Boden verdammt sind, dürften Batterien als Energiespeicher für ihre fliegenden Pendants nur eine Übergangstechnologie darstellen.

Der Volocopter erinnert mit seinen vielen Propellern an eine überdimensionierte Drohne aus der Spielwarenabteilung. Ein komplett anderes Konzept verfolgt der H_2-Clipper, der ebenfalls in der Lage sein wird, senkrecht abzuheben, für diesen Start allerdings so gut wie keine Energie aufzuwenden braucht. Der H_2-Clipper ist ein Zeppelin, der mit Wasserstoff gefüllt werden soll. Seit den Tagen des Hindenburg-Desasters hat sich technologisch bei Luftschiffen einiges getan. Verschiedene Unternehmen sehen die riesigen Potentiale für eine emissionsfreie Luftfahrt. Auch Passagiere sollen wieder befördert werden können – mit viel Platz, grandioser Aussicht und zu geringen Kosten. H_2-Clipper denkt vor allem an den Warentransport. Zu einem Viertel der Kosten soll es in der Lage sein die zehnfache Ladekapazität eines Frachtflugzeugs bei einer Geschwindigkeit von 360 km/h zu transportieren. Containerschiffe und gigantische LKW-Flotten könnten mit diesen Geräten bald der Vergangenheit angehören. Mit H_2-Clipper brächte man Waren von einer Fabrik in China innerhalb von zwei Tagen an jeden x-beliebigen Ort der USA. Dank der Fähigkeit des Senkrechtstartens braucht man für Start und Landung nur einen Parkplatz, wie man ihn vor Supermärkten kennt. Waren müssten nicht mehr vom LKW in den Container, von dort auf das Schiff, von dort wiederum auf die Schiene und nochmals in Lkws verladen werden, ehe sie nach langwieriger und teurer Reise an ihrem Bestimmungsort angekommen sind. Auch der kostengünstige Transport von abgelegenen Wasserstofffabriken zu den H_2-Tankstellen der Zukunft ist angedacht. Ebenfalls im Gespräch: ihr Einsatz in strukturschwachen Regionen für die Bereitstellung von Mobilfunknetzen. In der Luft schwebend kann H_2-Clipper lange Zeiten durchhalten, bei sehr geringem Energieaufwand. Noch fehlt es den Luftschiffen der neuen Generation an der Zulassung durch die Behörden. Das Hindenburg-Trauma und die angebliche Gefahr von H_2 in der Zeppelintechnik wird immer wieder als Hinderungsgrund genannt. Vor dem Hintergrund all der grauenhaften Flugzeugabstürze, die sich seitdem ereignet haben, eine fast schon lächerliche Kleinlichkeit. Ich könnte mir vorstellen, dass mit den entsprechenden Konzepten zur Notlandung – etwa einem Satz von brennstoffzellenbetriebenen Propellern, wie wir ihn von den Drohnen kennen – das Fliegen in den Wasserstoff-Zeppelinen der Zukunft wesentlich sicherer sein wird als das Fliegen in Flugzeugen. Im Gegensatz zu Flugzeugen können Zeppeline nämlich nicht nur senkrecht starten, sondern auch senkrecht landen!

Das Feuer des Wassers

»Während sie verhandelten, gab der Häuptling der Bleichgesichter dem roten Krieger Feuerwasser zu trinken.«

Karl May

»Woher kommt eigentlich das Wasser?«

Diese Frage bekomme ich von Zeit zu Zeit von meinem Vater gestellt. Ich weiß keine Antwort. Es existieren Vermutungen, dass das Wasser auf der Erde von Kometen stammt – großen Brocken aus Staub und Eis vom Rande des Sonnensystems – und, als die Erde noch ein Feuerball war, mit diesen verschmolzen. Bei diesen galaktischen Treffern wird es wohl ordentlich Rumms gemacht haben. Der glühende Planet verwandelte das Eis der Kometen in Wasserdampf, der sich über Vulkanismus einen Weg nach draußen in die Atmosphäre suchte. Anders als beispielsweise der Mond oder der Merkur, die auch von Kometen getroffen wurden, besaß die Erde genug Schwerkraft, um austretende Gase bei sich zu halten. Bei ihren kleineren Brüdern hingegen entwichen sie einfach ins Weltall. Als die Erde abkühlte und die Erdkruste sich zu bilden begann, regnete es erst mal eine ganze Weile. Es regnete so lange, bis sich Wasserschichten von bis zu zehn Kilometern Höhe gebildet hatten.

Das sind Vermutungen, wie gesagt. Sollten sie stimmen, sagen sie noch lange nichts darüber aus, woher wiederum das Wasser in diesen Kometen stammt. Auf diese Frage gibt es keine befriedigende Antwort. Ich sage meinem Vater dann immer:

»Ist ja eigentlich auch egal. Hauptsache, es ist da.«

Wie wir ja bereits wissen, bestehen rund 75 Prozent der Materie des Universums aus Wasserstoff. Trotzdem ist die Erde der einzige Planet unseres Sonnensystems, auf dem es Meere auf der Oberfläche gibt. Irgendwo da draußen feierten die Atome zweier ganz besonderer Elemente, nämlich Wasserstoff und Sauerstoff, ein intergalaktisches Hochzeitsfest und wurden zu Wasser. Bei dieser Hochzeit muss es hoch hergegangen sein. Die Vereinigung der beiden Atome setzt, wie wir wissen, jede Menge Energie frei.

Man kann schlecht über Wasserstoff schreiben, ohne dabei die wunderbare Substanz Wasser gebührend zu würdigen. Was macht Wasser so besonders, dass von der Anomalie des Wassers gesprochen wird? Warum ist das Element des Lebens so einzigartig unter den Stoffen? Auf diese Frage hat der Mensch die Antwort gefunden: Sie heißt Wasserstoffbrückenbindung. Das Bandwurmwort ist es wert, sich zu merken. Auch wenn es erst mal kompliziert klingt, so ist die

Sache in Wahrheit so genial wie einfach: Das Sauerstoffatom und die beiden Wasserstoffatome sind so unterschiedlich elektromagnetisch geladen, dass man wie beim klassischen Hufeisenmagneten aus dem Physikbaukasten von einem Nord- und einem Südpol spricht. Das Sauerstoffatom ist der Nordpol. Er zieht die beiden Elektronen der Wasserstoffatome nahe an sich heran. Gleichzeitig wirkt er aber auch magnetisch auf die Wasserstoffelektronen des Nachbarmoleküls. So geschieht es, dass sich alle Moleküle perfekt in eine Richtung ausrichten. Im Periodensystem wird der Wert der Elektronegativität der Elemente in Zahlen angegeben. Er beträgt bei Sauerstoff (O) 3,44 und bei Wasserstoff (H) 2,20. Gemeinsam mit Fluor (F) 3,98, Stickstoff (N) 3,04 und Chlor (Cl) 3,16, gehört Sauerstoff zu den vier elektronegativsten Elementen des Periodensystems. Auch mit den anderen drei Elementen ist Wasserstoff in der Lage, Wasserstoffbrückenbindungen einzugehen.

Die Oberflächenspannung, die wir sehen, wenn wir Büroklammern auf ein Glas mit Wasser legen und jene nicht sinken, lässt sich genau auf dieses Phänomen zurückführen. Gibt man übrigens einen Schuss Spüli ins Wasser, stört dies die Wasserstoffbrückenbindung und die Büroklammern sinken. Die Stabilität der Wasserstoffbrückenbindung ist dafür verantwortlich, dass Wasser erst bei 100 °C kocht. Auch das Kuriosum, dass Wasser im festen Aggregatzustand, also Eis, eine geringere Dichte und damit ein höheres Volumen als im flüssigen Aggregatzustand aufweist, liegt an ihr. Normalerweise ist es gerade umgekehrt. Wird ein Stoff fest, so erhält er eine größere Dichte und dafür ein geringeres Volumen. Wenn Wasser gefriert, richten die Wassermoleküle sich eigentümlicherweise so aus, dass sie perfekte Sechsecke, also Hexagone, bilden. In der Mitte dieser Hexagone befindet sich ein winziger Hohlraum. Er ist verantwortlich für dieses Phänomen und somit auch dafür, dass Eis im Wasser oben schwimmt. Wem jemals in einer eisigen Winternacht eine Bierflasche auf dem Balkon geplatzt ist, der weiß genauso, wovon die Rede ist, wie der Kapitän, der mit seinem Schiff einen Eisberg rammt.

Bei der Elektrolyse indes spielt die Wasserstoffbrückenbindung eine untergeordnete Rolle. Es ist die polare Sauerstoff-Wasserstoff-Bindung (O-H) die durch den Elektrolyseur unter hohem Energieaufwand geknackt wird. Wenn die sich erneut bildet, hören wir entweder den Donnerschlag einer Knallgasexplosion oder spüren die kolossale Kraft der Brennstoffzelle, wenn wir ein Wasserstoffauto mit einem Tritt aufs »Gas«-pedal in wenigen Sekunden von null auf hundert bringen. Dem alten Empedokles wäre die Sache wohl ein paar philosophische Gedankengänge wert gewesen, hätte er seinerzeit gewusst, dass das Element Feuer das Element Wasser gebären kann und der erstaunliche Vorgang sogar umgekehrt funktioniert.

Kraft aus der Ursuppe

»Electrical discharge may have played a significant role in the formation of compounds in the primitive atmosphere.«

Stanley Lloyd Miller

Das Alter der Erde wird auf rund 4,6 Milliarden Jahre geschätzt. Der Nachweis von Leben auf unserem Planeten stammt aus geologischen Funden, die rund 3,9 Milliarden Jahre alt sind. Als der amerikanische Biologe und Chemiker Stanley L. Miller (1930–2007) in den 1950er-Jahren seine Vorstellung von der Ursuppe zusammenmixte, ging er von einer Erdatmosphäre aus, die aus Wasser (H_2O), Methan (CH_4), Ammoniak (NH_3), Wasserstoff (H_2) und Kohlenstoffmonoxid (CO) bestand. Die setzte er dann, Gewitterblitze simulierend, unter Strom und hoffte so, uriges Leben entstehen lassen zu können. Tatsächlich gelang ihm mit seinem Kollegen Harold Clayton Urey (1893–1981) auf diese Weise, organische Moleküle zu erschaffen. Die taten ihm allerdings nicht den Gefallen, sich zu lebenden Organismen zusammenzufügen. Auch sind die Grundparameter des Experiments heute mehr als umstritten, sodass es Mitmenschen gibt, die das Miller-Urey-Experiment als Argument heranziehen, um ihre Zweifel daran zu untermauern, dass die Evolution überhaupt jemals stattgefunden hat.

Unstrittig ist für die meisten jedoch, dass die Pioniere des Lebens auf der Erde sogenannte Cyanobakterien waren. Diese Urorganismen, auch unter dem Namen Blaualgen bekannt, beherrschten bereits die Fähigkeit der sogenannten Wasserspaltung. Durch eine frühe Form der Photosynthese gelang es ihnen, das H_2O-Molekül zu knacken, um an die im Wasserstoff-Elektron gebündelte Energie heranzukommen, die sie zum Leben brauchten. Sauerstoff war in diesem Stoffwechselprozess ein Abfallprodukt. Im Laufe vieler Jahrmillionen reicherten sich die O_2-Ausscheidungen derart an, dass sie die sauerstoffhaltige Atmosphäre begründeten, wie wir sie heute kennen. Verantwortlich dafür war ein Enzym, welches die Wortschöpfung des Laurant de Lavoisier im Namen trägt: die Hydrogenase. Der Witz an dieser Geschichte: Eben jenes Abfallprodukt Sauerstoff, ohne den das Leben, wie wir es heute kennen, kaum vorstellbar wäre, war – so wie es sich für eine »Fäkalie« gehört – für die ersten Bakterien giftig, weil es die Hydrogenase zerstört. Die meisten heute existierenden Cyanobakterien haben sich den modernen Lebensbedingungen angepasst. Sie betreiben brav Photosynthese wie andere moderne Pflanzen auch, bei der es weniger um die Wasserstoffproduktion geht als um die Herstellung von Zucker als Energieträger. Sonnenenergie wird mit anderen Worten in chemische Energie umgewandelt. Dies geschieht mit Hilfe des in der Luft vorhandenen Kohlendioxids. Etwa 2 000 der auf der Erde vorkommenden Arten von Cyanobakterien tragen heutzutage einen wissenschaftlichen Namen. Insgesamt schätzt man ihre Zahl auf etwa 100 000. Photosynthese geht immer mit Wasserspaltung einher! Dabei wird Sauerstoff nach wie vor als Abfallprodukt freigesetzt. Die energiereichen Reduktionsäquivalente werden mit CO_2 zur Reaktion gebracht, wobei Zucker und Wasser entstehen. Blaualgen, die in großen Wassertiefen leben, schaffen die Photosynthese jedoch auch, wenn kein Licht zur Verfügung steht. In dieser Stresssituation besinnen sich die Mikroorganismen auf ihre althergebrachten Fähigkeiten und aktivieren das Hydrogenase-Enzym, das reinen Wasserstoff produziert.

An diesem Punkt wird die Sache für die Energieversorgung der Menschheit interessant. Ein Organismus, der sich selbstständig mittels Zellteilung ständig vermehrt, H_2 produziert und dafür lediglich Sonnenlicht, Wasser, ein paar Mineralien und Wärme benötigt, ist ein idealer Lieferant von Kraftstoff.

Ich entschließe mich zu einem Besuch bei einem Mann, der sein Lebenswerk den Blaualgen verschrieben hat: Professor Dr. Matthias Rögner hat einen Lehrstuhl für die Biochemie der Pflanzen an der Ruhr Universität Bochum (RUB). Obschon frisch pensioniert, denkt er nicht daran, aufzuhören, wird demnächst aber in eine andere Schreibstube umziehen. Ich habe Glück und erwische ihn noch in seinen alten Räumlichkeiten, deren Labore und Büros sich auf zwei Stockwerke verteilen. Die RUB zählt mit rund 43 000 Studierenden aus über 130 Ländern zu den größten Unis Deutschlands. Brutal in eine Landschaft aus sanften Hügeln gerammt, ragen die kalten Zweckbauten der verschiedenen Fakultäten zwischen grünen Wiesen und alten Eichenwäldern mit jeder Menge Glas und Beton in den winterlichen Himmel. Mit viel Glück finde ich auf dem Campusgelände einen Parkplatz für mein altes Dieselauto und lasse mir von einem hilfsbereiten Studenten den Weg weisen zum Gebäude ND, einem riesigen Betonklotz, in dem sich die Biologen verbergen. In seinem Büro angekommen, habe ich kurz die Gelegenheit, die fantastische Aussicht zu genießen, ehe der Professor eintritt und mich begrüßt.

Professor Rögner ist ein freundlicher Herr von mittlerer Statur mit sympathischen, offenen Gesichtszügen. Nach wenigen Minuten stelle ich fest: In ihm habe ich keinen Wasserstoffmenschen wie den Jürgen Fuhrländer vor mir. Die Fähigkeiten des Supermoleküls und die sich daraus ergebenen Chancen für die Energieversorgung des *Homo industrialis* sind ihm zwar bekannt, interessieren ihn aber nur peripher. Rögner gehört vielmehr zu einer anderen eingeschworenen Gruppe Gelehrter. Er ist durch und durch ein Algenmensch. Die Miniorganismen aus den Tiefen der Urzeit sind Stoff für seine Faszination und Futter für seinen Lebenstraum. Glaubt man seinen Ausführungen, haben sie das Zeug dazu, mittels ihrer Fähigkeit zur Wasserspaltung zur Lösung der Energieprobleme der Menschheit beizutragen. Richtig dressiert, können sie noch eine ganze Reihe anderer interessanter Stoffe herstellen. Wobei mit »Dressur« in diesem Falle die genetische Manipulation gemeint ist. In diesem Text wollen wir uns aber auf die Wasserstoffproduktion beschränken.

Die Schwierigkeit, mit den heutigen Blaualgen Wasserstoff herzustellen, liegt genau darin begründet, dass ihre Vorfahren diesen Prozess zugunsten der Entwicklung der photosynthetischen Wasserspaltung, der mit der Entwicklung von Sauerstoff verbunden ist, aufgegeben haben. Nach etwa eineinhalb Milliarden Jahren der Wasserspaltung durch Blaualgen kam es auf der Erde zur sogenannten Großen Sauerstoffkatastrophe. Damals, an der Archaikum-Proterozoikum-Grenze, war die Erde ungefähr halb so alt wie jetzt. Die Anhäufung von Sauerstoff verursachte nicht nur das massenhafte Aussterben von obligat anaeroben Organismen, sondern brachte auch noch das starke Treibhausgas Methan in der Atmosphäre zur Oxidation. Während große Teile des molekularen Wasserstoffs sich ins Weltall verflüchtigten, wurde es zum schwächeren Treibhausgas Kohlendioxid und Wasser. Eine starke Abkühlung des Planeten war die Folge. Die Erde verwandelte sich in einen Schneeball, und die Huronische Eiszeit setzte ein. Sie dauerte etwa 400 Millionen Jahre. An ihrem Ende hatte das Leben nicht bloß gelernt, sich mit dem Sauerstoff zu arrangieren, sondern auch die Chancen entdeckt, die sich aus ihm ergaben. Bei der Oxidation, also der Reaktion mannigfaltiger chemischer Stoffe mit Sauerstoff, wird nämlich wesentlich mehr Energie freigesetzt als bei jeder anderen Reaktion – Energie, die das Leben für sich zu nutzen wusste. Endlich waren mehrzellige Lebewesen möglich. Das rustikale Enzym Hydrogenase wurde obsolet und geriet in Vergessenheit.

Die Fähigkeit zu ihrer Bildung jedoch behielt die Evolution als Trumpf in der Hinterhand. Man weiß ja nie, wozu man sie noch einmal brauchen kann. Die genetische Information zur Hydrogenase-Bildung ist laut Professor Rögner selbst im menschlichen Erbgut noch vorhanden. Im Unterschied zu unseren hochentwickelten Säugetier-Organismen kann sie in manchen modernen Blaualgen auch heute noch abgerufen werden, und zwar immer dann, wenn die kleinen Dinger in eine anaerobe Umgebung geraten. Unter diesen Bedingungen produziert das Enzym aber nur sehr wenig Wasserstoff. Eine bis zu 100-fach aktivere Hydrogenase findet sich bei Grünalgen, die – allerdings auch nur unter anaerobem Schwefelentzug – photosynthetischen Wasserstoff produzieren. Dieses Enzym schafft bis zu 10 000 Umsätze pro Minute – allerdings nicht in Gegenwart von Sauerstoff, der ja bei der Photosynthese entsteht. Deshalb muss es genetisch so verändert werden, dass es auch unter Sauerstoffbedingungen funktioniert, woran weltweit mehrere Gruppen arbeiten. Wenn das gelingt, wäre es ein perfekter Kandidat, um in die Blaualgenzelle integriert und mit der Photosynthese verknüpft zu werden. In Kombination mit einem optimierten Photobioreaktor – das heißt einem Reaktor, der das Licht effizient zu den Zellen bringt und deshalb nur eine sehr kurze Schichtdicke hat (sog. Flachbettreaktor) – und geeigneter Belichtung, zum Beispiel Sonnenlicht oder LEDs, wären so großflächige Wasserstofferzeugungsreaktoren vorstellbar. Die wissenschaftliche Herausforderung besteht demnach darin, die Algen durch Gentechnik so neu zu stricken, dass sie ihre Wasserstoffproduktion hochfahren, ohne dabei zugrunde zu gehen. Rögner hält die Produktion von 200 Millilitern H_2 pro Liter Medium und Stunde in kostengünstig produzierten Flachbettreaktoren für mach- und finanzierbar. Einen solchen hat er gemeinsam mit der Firma KSD aus Hattingen entwickelt. Bei Reaktoren denkt heute wohl jedermann an den Reaktor eines Atomkraftwerks. Aber keine Sorge, ein Reaktor ist zunächst einmal nur ein Gefäß, in dem eine chemische oder physikalische Reaktion stattfindet.

Der Professor präsentiert mir eine Folie, auf der eine interessante – wenngleich hypothetische – Berechnung veranschaulicht wird (siehe Abbildung). Gezeigt wird ein Satellitenbild von Afrika. Auf der Sahara prangt ein kleines, rotes Rechteck. Es dauert einen Moment, ehe ich begreife. Würden 2,2 Prozent der Fläche der Sahara mit großflächigen Flachbettreaktoren bedeckt, in denen mit Meerwasser versorgt, die zukünftig möglichen »200-ml-Blaualgen« ihre Arbeit machen würden, würde das ungefähr dem derzeitigen

Energiebedarf der Menschheit in Form des so hergestellten Wasserstoffs entsprechen. Hier müssen allerdings Abstriche gemacht werden. Wegen der unsicheren Parameter nennt Rögner selbst diese Berechnung eine »Milchmädchenrechnung«. Die Neuigkeit ist hier vor allem, dass in der RUB von ernsthaften Wissenschaftlern heute bereits solche Berechnungen vorgenommen werden. Ob sie auf Prozent und Promille stimmig sind, spielt da eine untergeordnete Rolle.

Graues Rechteck: Weltenergiebedarf
(Verwendung 200 l Photobioreaktoren mit je 1,5 m^2
Fläche & Leistung von 200 ml H_2 pro l Zellvolumen/Std.),
benötigt ca. 195 000 km^2 = zwei Prozent der Fläche der Sahara.
Darin schwarz: Energiebedarf BRD.

Um tiefer in die Materie eintauchen zu können, kommen wir nicht umhin, uns noch einmal mit der Photosynthese zu befassen. Als ich gegen Ende der 80er-Jahre meine schulische Laufbahn zum Abschluss brachte, hatte ich Biologie als drittes Abiturfach. Damals meinte ich, die Vorgehensweise von Gemüse, Sonnenlicht in Zucker umzuwandeln, eigentlich ganz gut durchstiegen zu haben. Als mein Sohn vor drei Jahren sein Abitur bestand, musste er im Bio-Leistungskurs sein Wissen unter Beweis stellen. Ich sah ihm damals beim Lernen einmal über die Schulter und merkte zu meiner Bestürzung, dass die Dinge bei der Photosynthese wesentlich komplizierter liegen, als dies noch zu meiner Zeit der Stand der gymnasial vermittelten Wissenschaft war. Meine Tochter, die sich in den Tagen, da ich diese Zeilen schreibe, auf ihre mündliche Abiturprüfung in Bio vorbereitet, kapiert von Photosynthese nicht die Bohne, und ich kann ihr auch nicht wirklich helfen, da es mir bis auf rudimentärste Grundkenntnisse genauso geht. Die Wissenschaft hat in ihrer Durchdringung der Photosynthese in den letzten 30 Jahren gewaltige Fortschritte gemacht. Darauf angesprochen, meint Professor Rögner, dass man damals bereits annahm, alles verstanden zu haben und heute drauf und dran ist, denselben Fehler wieder zu begehen. Wahrscheinlich funktioniert die Photosynthese noch viel komplizierter, als wir vermuten. Einigen wir uns also einfach auf die Tatsache, dass zu ihrem Funktionieren ein Photosystem I (PS1) und ein Photosystem II (PS2) gehören, wobei Letzteres die entscheidende Reaktion ausführt, mit Hilfe des Sonnenlichtes Wasser zu spalten.

Rögner hat zusammen mit Forschern der Chemiefakultät der RUB eine Biobatterie entwickelt, in der die beiden Photosysteme räumlich voneinander in zwei verschiedenen Kammern arbeiten (siehe Abbildung). Auf zwei Goldelektroden fixiert, sind sie lediglich durch einen Draht miteinander verbunden. PS2 sorgt in der linken Kammer für die Wasserspaltung, wie sie in jeder Photosynthese vorkommt. Dabei entsteht Energie in Form von Elektronen, die als elektrischer Strom über den Draht in die zweite Kammer fließen, wo PS1 an das Hydrogenase-Enzym gekoppelt ist und für die Bildung des Wasserstoffmoleküls (H_2) sorgen soll. Auf diese Weise kommt die Hydrogenase nicht mit dem bei der Wasserspaltung entstehenden Sauerstoff in Berührung, der ja für sie giftig ist.

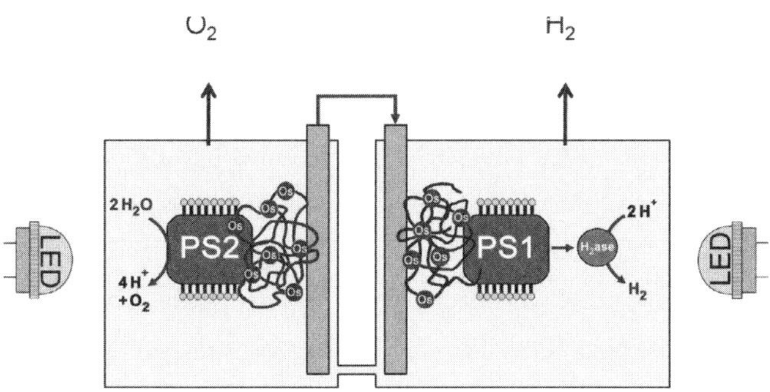

Wasserstoffproduktion mit »Biobatterie« (semiartifizielles System mit isolierten, immobilisierten Komponenten).[1]

»Die Biobatterie erlaubt uns, verschiedene Komponenten auszuprobieren, bevor wir sie in natürliche Systeme wie Blaualgen zurückverlagern«, so Rögner.

Die Erkenntnisse hieraus sollen es also ermöglichen, hocheffiziente Hydrogenasen aus Grünalgen per Gentechnik in die Blaualgen hineinbasteln zu können. Auch an anderer Stelle wird an den Mikroorganismen herumgeschnibbelt. Wie alle Algen verfügen die Tiefseeblaualgen über spezielle Antennen, mit denen sie unter Wasser in der Lage sind, auch in großer Tiefe die dort sehr spärlich vorkommenden Sonnenstrahlen aufzufangen. Die Bildung dieser Antennen kostet erhebliche Energie – und geschieht deshalb letztlich auch auf Kosten der Wasserstoffproduktion. Verringert man die Größe dieser Antennen, steigt die Bildung des begehrten Energieträgers.

Rögner war in den letzten 40 Jahren sehr oft in Japan und spricht fließend Japanisch, was für seine zahlreichen wissenschaftlichen Kontakte dorthin ein großes Plus ist. Wie jeder weiß, liegt Japan auf dem Pazifischen Feuerring, was seine hohe vulkanische Aktivität erklärt. Letztere bedingt eine Vielzahl heißer Quellen. Auch in diesen kommen Blaualgen vor. Rögner hat sie nach Deutschland mitgebracht und in seine Experimente mit einbezogen, weil sie naturgemäß besonders robust sind gegenüber Hitze. Eine Eigenschaft, die bei Bioreaktoren in der Sonnenglut der Sahara unabdingbar wäre.

Wir können also unschwer sehen, dass bis zur kostengünstigen Produktion von Biowasserstoff aus Algen noch ein weiter Weg vor Rögner und seinen Kollegen aus der Wissenschaft liegt. Die Experimente können nur iterativ vorgenommen werden. Das heißt, man nähert sich in kleinen Schritten der großen Lösung. Auch macht sich mancher Mitmensch nicht ganz unberechtigt Sorgen darüber, was denn geschähe, wenn die kleinen Frankensteinalgen versehentlich in der Natur freigesetzt würden. Käme es dann zur unkontrollierten Wasserstoffbildung und in der Folge zu gigantischen Knallgasreaktionen über unseren Gewässern? Hier winkt Rögner ab. Seine DesignAlgen sind so überzüchtet gebaut, dass sie unter Normalbedingungen gar nicht lebensfähig wären. Andere Bakterien würden ihnen sofort den Garaus machen. Um ganz auf Nummer sicher zu gehen, wird ihnen dennoch ein sogenanntes Selbstmordgen eingebaut, das zum Einsatz kommt, sobald sie mit der Atmosphäre in Berührung kommen.

Auch nach abgeschlossener Wasserstofffernte haben die Algen noch einiges an Potenzial zu bieten. Alle zehn bis zwölf Stunden verdoppelt sich ihre Masse, womit sie zehnmal schneller wachsen als Schilf. Ihr Brennwert liegt irgendwo zwischen dem von Braunkohle und Steinkohle. Die hierfür erforderliche Trocknung ist allerdings bis dato noch zu kostenintensiv. Dieses Problem dürfte sich meiner Einschätzung nach lösen lassen, falls es tatsächlich zum großflächigen Einsatz der Algentechnologie in der Sahara käme, wo ja – wie bereits an anderer Stelle erwähnt – an Hitze und Trockenheit kein Mangel herrscht. Wer Anhänger der CO_2-Theorie ist, wird sich an dieser Stelle fragen, ob ein Verbrennen klimatechnisch nicht eher kontraproduktiv wäre. Mir kommt der Algendünger in den Sinn, der besonders bei Biogärtnern beliebt ist. In irischen Gemüsegärten wird seit Jahrhunderten mit Tang gedüngt. Zum Ferienhaus meiner Familie im Süden der grünen Insel gehört selbstverständlich auch eine kleine Fläche, auf der wir Salat, Kohl, Zwiebeln und sonstiges ziehen. Es liegt in Küstennähe. Von daher weiß ich, wie riesig ein Kohlkopf werden kann, der ordentlich mit der Kraft der Algen versorgt wurde. Sie enthalten eben ordentlich Kali, Stickstoff und Phosphor, also genau das, was Pflanzen zum Wachsen brauchen. Am Ende könnten also Rögners Algen auch die Ammoniaksynthese zur umstrittenen Kunstdüngerproduktion eine veraltete Technik werden lassen, reif für den Mülleimer der Geschichte. Im Gegensatz zu Kunstdünger, der die Böden auslaugt, also langsam, aber sicher unsere agrarische Lebensgrundlage zerstört, fördert Algendünger die Humusbildung. Humus wiederum ist unabdingbar für die Existenz der Bodenorganismen. Die Bodenstruktur, an der seit vielen Jahrzehnten Raubbau betrieben wird, könnte mit Algen wiederaufgebaut werden. Dies wäre ein nicht zu unterschätzender Mitnahmeeffekt für den Menschen der Zukunft auf seinem Weg zur Wasserstoffgesellschaft.

»Ja«, pflichtet der Professor bei, »als Dünger taugen die Algen natürlich auch.«

Unser Gespräch nähert sich dem Ende. Durch die Panoramafenster sehe ich den Winterhimmel verrücktspielen. Wo eben noch die fahle Sonne schien, peitscht nun ein Hagelsturm. Professor Rögner bemerkt die Wetterkapriolen gar nicht, so vertieft ist er in sein Thema. Gemeinsam verlassen wir sein Büro und begeben uns in die heiligen Hallen der Experimentierstuben. Im ersten Labor bekomme ich die Flachbettreaktoren vorgeführt. Sie sind aus kostengünstigem Plexiglas gefertigt, das chemisch gereinigt werden kann, und leider zurzeit nicht in Betrieb. Daneben brodelt es gewaltig in großen 25-Liter-Reaktoren, die aus mehrmals verwendbarer Polyamidfolie bestehen. Spezielle rote LEDs regen statt Sonnenlicht die Photosynthese an, die Algen leuchten knallig grün, und kleine Luftbläschen steigen zur Vermischung Richtung Reaktordeckel. Ein Stück weiter werden in einer Art Brutkasten Algenkulturen in bauchigen Flaschen von einem Schüttler sanft gerüttelt. Ich bestaune Kühlschränke und ein buntes Labyrinth aus Schläuchen und Kabeln. Wir gehen einen Raum weiter, und Rögner zeigt mir ein steriles Zelt seines Kollegen Professor Thomas Happe, samt Schleuse und Bunsenbrenner zum Abflämmen. Die Wände des Zeltes bestehen aus einer durchsichtigen Folie. Wer darin arbeiten will, steckt seine Hände in unterarmlange Handschuhe, die in das Gebilde hineinragen. Sterilität ist wichtig in der Algenforschung. Es gilt, Verunreinigungen vorzubeugen, die durch Bakterien aus der Luft kommen können. Langsam, aber sicher macht sich in mir das Gefühl breit, in einem Science-Fiction-Thriller gelandet zu sein. Dieses Gefühl verstärkt sich, als wir das dritte Labor betreten. Hier steht, scheinbar kreativ-chaotisch nebeneinander aufgereiht, eine ganze Reihe von Maschinen, die auf mich den Eindruck von hochgepimpten Mikrowellen vermitteln. In Wahrheit liegt jede einzelne von ihnen preislich knapp unterhalb der Millionen-Euro-Grenze. Hier messen und bestimmen die Biologen die exakte Masse der verschiedenen Proteine der jeweiligen Algenmutanten, an denen sich ihre unterschiedlichen Eigenschaften manifestieren. Mir kommt Rögners Antwort auf eine grundlegende Frage in den Sinn, die ich ihm ganz zu Anfang unseres Gesprächs stellte:

»Wie lange wird es dauern, bis ihre Forschung zu Produkten führt, die in industriellem Maßstab Wasserstoff erzeugen können?«

»Das ist eine Geldfrage. Je mehr investiert und gefördert wird, desto schneller wird es gehen.«

Bevor wir uns trennen, versorgt mich der Professor noch mit zwei wissenschaftlichen Fachzeitschriften, in denen aktuell von seiner Arbeit berichtet wird. Einer der beiden Titel springt mir besonders ins Auge: *Wasserstoff aus eigenem Anbau*. Mein Selbstversorgerherz schlägt höher. Natürlich wird die neuartige Algenkultur nicht auf Wüstengebiete beschränkt sein. Auch in unseren Breiten wird sie mindestens ein halbes Jahr lang möglich und während der langen Tage im Sommer besonders ertragreich sein.

Bereits heute existiert ein solches Algenhaus, und zwar in Hamburg. Es wurde im Rahmen der Internationalen Bauausstellung (IBA) zwischen den Jahren 2007 und 2013 als sogenanntes *Smart Material House* errichtet. Zwar ist es nicht auf Wasserstoffproduktion ausgerichtet, doch kann es dafür ein paar andere interessante Dinge: Die Fassade aus Flachbettreaktoren, in denen es beständig blubbert, erzeugt hochwertigen Proteinextrakt und Warmwasser. 129 Einzelsegmente enthalten 3500 Liter Wasser. Das zur Photosynthese unabdingbare CO_2 erhalten sie aus der Abluft einer Gastherme. Nach einer ganzen Reihe von Geburtsfehlern wurde das Verfahren grunderneuert. Seit 2016 läuft die revolutionäre Technik ohne nennenswerte Probleme.

Auch Raumfahrer träumen grün, wenn das Thema auf die Algen kommt. Um einen neuen Planeten zu besiedeln, bräuchte man theoretisch nur Wasser und Sonnenlicht. Die Algen erledigen den Rest. Per Wasserspaltung sorgen sie für Sauerstoff zum Atmen und für Wasserstoff als Energielieferant. Gleichzeitig sind sie in der Lage, Fäkalien in wertvolle Proteine zu verwandeln, welche zu Nahrungsmitteln verarbeitet werden können. Oben rein und unten raus würde quasi als Kreislauf funktionieren. Wer schon mal eine Ladung Pferdemist auf seinem Gemüsebeet verteilt hat, der weiß, dass die Angelegenheit eigentlich eh schon seit jeher so oder so ähnlich gehandhabt wird.

Die Brennstoffzelle

»Tesla ist nicht unser Vorbild.«

Takeshi Uchiyamada (Chairman von Toyota)

Elektrische Energie in einer Batterie zu speichern und bei Bedarf abzurufen, ist für uns industrialisierte Menschen zu Beginn des dritten Jahrtausends zu einer alltäglichen Handlung geworden. Was wären wir ohne unsere Ladegeräte? Dahinter stecken elektrochemische Prozesse, die chemische Energie in elektrische umwandeln. So weit, so gut. Kaum jemand verbindet diesen Vorgang mit dem Arzt Signore Luigi Aloisio Galvani (1737–1798) aus Bologna und seiner Vorliebe für Froschschenkel. Im Jahr 1780 kam der experimentierfreudige Italiener auf die Idee, einen Froschschenkel, anstatt ihn auf den Grill zu legen und dann knusprig geröstet mit einer Prise Thymian zu verspeisen, an einen Kupferdraht anzudocken, der auf der anderen Seite an einem Messer hing. Sobald er nun die Klinge des Messers an den Froschschenkel hielt, zuckte dieser zusammen. Ohne es zu wissen, hatte Galvani einen Stromkreis hergestellt, der aus zwei verschiedenen Metallen, einem Elektrolyten und einem Stromanzeiger bestand. Elektrolyte sind Salze, die elektrischen Strom durch Ionenwanderung weiterleiten. In Galvanis Fall befanden sich die Salze im natürlichen Wasseranteil der Körperflüssigkeit der bedauernswerten Amphibie. Ihr Muskelzucken spielte die Rolle des Stromanzeigers. Die Galvanische Zelle war geboren.

Eine Brennstoffzelle ist so gesehen auch erst mal eine Galvanische Zelle. Im Unterschied zum Froschschenkel kommt bei ihr jedoch dem Elektrolyten die Funktion einer Sperrschicht zu. Der Strom wird nicht durch ihn hindurchgeleiten, sondern muss den Umweg über den Draht nehmen. Im Gegensatz zu einer Batterie speichert eine Brennstoffzelle auch keinen elektrischen Strom. Vielmehr wird bei ihr chemische Energie in elektrische umgewandelt, indem ein Stoff kontinuierlich zum Oxidieren gebracht wird. Der Erste, dem dies etwa zwanzig Jahre nach Galvani gelang, war Sir Humphrey Davy (1778–1829) aus Cornwall. Der Sohn eines Holzschnitzers kam über eine Apothekerlehre das erste Mal mit der Chemie in Berührung. Als Autodidakt brachte es der Engländer seinerzeit vor allem auf dem Feld der Elektrochemie zu hohem Ansehen. Napoleon Bonaparte war einer seiner größten Fans, was ihm die Ehre zuteilwerden ließ, trotz des Kriegszustands seines Heimatlandes mit Frankreich, eine Einreiseerlaubnis zu erhalten, um in Paris einen Ehrenpreis entgegennehmen zu können. Er erforschte die Elektrizität des Torpedofischs und gilt als der Entdecker des Lachgases. 1802 experimentierte er mit galvanischen Elementen und erhielt einen Stromstoß, den er nicht einordnen konnte. Trotzdem berichtete er davon. Indem er chemische in elektrische Energie umwandelte, war er auf das Konzept der Brennstoffzelle gestoßen. Obwohl mit Ehrungen überschüttet, war dem dichtenden Wissenschaftler kein langes Leben beschert. Im Zuge seiner Experimente setzte er sich einer Vielzahl von giftigen Substanzen aus, was schließlich zu seinem frühen Tod führte.

Der eigentliche Vater der Brennstoffzelle hieß Sir William Robert Grove (1811–1896). Angeregt von den Forschungsergebnissen des deutsch-schweizerischen Physikers und Chemikers Christian-Friedrich Schönbein (1799–1868) war Grove der Erste, der 1839 mit dem *Grove-Element* ein Modell der Brennstoffzelle entwickelte, das es zur Marktreife brachte. In Schönbeins Experimenten wurden zwei Platindrähte in Schwefelsäure getaucht. Sobald man den einen mit Sauer- und den anderen mit Wasserstoff umspülte, floss Strom. Grove benutzte einen Platinstab als Elektrode. Diese wird in Salpetersäure getaucht, die sich in einem Behälter aus porösem Ton befindet. Der Behälter steckt seinerseits in einem Zylinder aus Zink, welcher Schwefelsäure enthält. Dieses galvanische Element brachte eine Leistung von 1,9 Volt und wurde in den Frühtagen der elektronischen Nachrichtenübermittlung als Stromquelle im nordamerikanischen Telegrafenwesen verwandt. Der wenig später entwickelte

Dynamo verdrängte mit seiner wesentlich höheren Leistung Groves Erfindung vom Markt.

1887 erkannte jedoch Wilhelm Oswald (1853–1932), ein Baltendeutscher aus Riga, der als einer der Begründer der Physikalischen Chemie gilt, das Potenzial der Grove'schen Erfindung. Ein Jahr nach Groves Tod sprach er folgenden denkwürdigen Satz:

»Haben wir ein galvanisches Element, welches aus Kohle und dem Sauerstoff der Luft unmittelbar elektrische Energie liefert […], dann stehen wir vor einer technischen Umwälzung, gegen welche die bei der Erfindung der Dampfmaschine verschwinden muss. Denken wir nur, wie […] sich das Aussehen unserer Industrieorte ändern wird! Kein Rauch, kein Ruß, keine Dampfmaschine, ja kein Feuer mehr (…)«[1]

Oswald errechnete einen möglichen Wirkungsgrad der Brennstoffzelle von 83 Prozent. Das Wort Wirkungsgrad hat gerade in der heutigen Diskussion eine enorme politische Bedeutung erlangt. Erst einmal bedeutet es nichts anderes als folgenden Sachverhalt: Es geht um das Maß von Energie, das ich aus einem bestimmten Vorgang ziehen kann, gemessen an der Energie, die ich hineinstecke. Der Wirkungsgrad eines Otto-Motors etwa liegt bei rund 25 Prozent, weil ein Großteil der eingesetzten Energie nicht für die Bewegung eingesetzt werden kann, sondern in Form von Wärme verloren geht. Oswalds Theorien regten einen

Schwarm von Wissenschaftlern dazu an, eine wahre Flut von Konstruktionsvorschlägen zu entwickeln. Sie stießen jedoch bei den eingesetzten Werkstoffen auf unerwartet große Probleme. Vor allem das Thema Korrosion beschäftigt die Forscher bis heute. Schon die Platinelektroden von Grove hielten nur begrenzte Zeit. Das Edelmetall gilt zwar als korrosionsbeständig. Trotzdem setzt ihm der Kontakt mit Schwefel, Kohlenstoff und anderen Substanzen wie Blei oder Phosphor zu.

Ab den 1920er-Jahren machten sich erste Fortschritte bemerkbar. Man begann das Problem der Korrosion in den Griff zu bekommen. In den 1960er-Jahren mündeten diese Fortschritte im Einsatz der Brennstoffzelle beim Apollo-Programm der NASA, wo sie auf dem Weg zum Mond als »unerschöpfliche« Energiequelle diente und die Mondmission nicht nur mit Strom, sondern auch mit Wärme und Wasser versorgte. Sie wurde mit reinem Wasserstoff und Sauerstoff betrieben. Auch die Militärs entdeckten das Wunderding für sich. Die hochmodernen deutschen U-Boote der Klasse 212A sind mit Brennstoffzellen ausgerüstet. Sie sind außenluftunabhängig und gelten als die leisesten U-Boot-Antriebe der Welt. Wilhelm Ostwald hat wahrscheinlich nicht damit gerechnet, dass der Siegeszug der Brennstoffzellentechnik so lange auf sich warten lassen würde. Im Prinzip warten wir ja immer noch darauf, wenngleich die Zeichen gut stehen, dass sie sich in der Kurve vor der Zielgeraden befindet. 1909 wurde der Wissenschaftler, der sich auch als Philosoph einen

Namen machte, aufgrund seiner Erkenntnisse zur Katalyse, zu Gleichgewichtsverhältnissen und zu Reaktionsgeschwindigkeiten mit dem Nobelpreis für Chemie geehrt.

Es gibt verwirrend viele Möglichkeiten der Konstruktion einer Brennstoffzelle. Bei jeder sind die Ausgangsstoffe unterschiedlich, bei allen ist irgendwie Wasserstoff im Spiel, man braucht eine Membran und man braucht Platin (oder auch nicht). Beschränken wir uns also erst einmal auf die eine ganz bestimmte Brennstoffzelle, bei der reiner Wasserstoff (H_2) mit dem Sauerstoff der Luft (O_2) zu Wasser (H_2O) oxidiert wird. Wem das Bandwurmwort Polymermembranbrennstoffzelle zu kompliziert ist, beschränke sich auf die Abkürzung PEM-Brennstoffzelle. Verwirrenderweise verwenden übrigens die einen das Kürzel PEM für das englische *polymere electrolyte membrane*, während andere es mit *proton exchange membrane* gleichsetzen. Letzterer Begriff ist weiter gefasst, weil es auch Brennstoffzellen gibt, die auf Polymere, also gewissermaßen Plastik, verzichten und stattdessen auf eine keramische Membran setzen. Wie dem auch sei; folgendermaßen funktioniert sie:

Stellen wir uns den Vorgang vor wie ein (komplett fiktives) Hochzeitsritual, bei der die Braut eine edel geschnitzte hölzerne Hürde überwinden muss, um mit dem Bräutigam vereinigt zu werden. Sie soll damit symbolisch beweisen, dass sie bereit dafür ist, die Schwierigkeiten und Hürden des Lebens gemeinsam mit ihm zu bestehen. Der springende Punkt: Die Braut ist schwanger, und zwar schon zum zweiten Mal. Irgendwann sind dem Bräutigam die Ausreden ausgegangen. Deshalb wird jetzt zur Tat geschritten und das heilige Sakrament der Ehe vollzogen. An der Hand der glücklichen Braut turnt munter ein kleiner Knirps. Als sie über die Hürde klettert, kann der kleine Knirps nicht mit. Er will aber auch auf das Familienfoto. Weshalb er einfach um die Hürde herumläuft, sich zwischen die Knie von Mama und Papa zwängt und breit lacht, als aus der Kamera des Hochzeitsfotografen das Vögelchen kommt.

Übertragen wir dieses Ritual auf die chemische Gesellschaft, dann wäre der Papa und frisch gebackene Ehemann das Sauerstoffatom (O). Mama hingegen wäre das Wasserstoffmolekül (H_2). Die Braut klettert ächzend über die Hürde und der kleine Knirps läuft außen herum. In der chemischen Gesellschaft wäre ihr ungeborenes Kind quasi das Proton, die hölzerne Barriere hingegen die platinhaltige Membran in der Brennstoffzelle. Der muntere Knirps wäre das Elektron. Die Elektronen passen nicht durch die Membran, die ja nur die Protonen durchlässt. Gibt man ihnen jetzt einen Draht aus beispielsweise Platin, schaffen sie es über diesen Umweg auf die andere Seite der Membran, um sich dort wieder mit ihren Wasserstoffatomen zu vereinigen, die sich ihrerseits bereits ans Sauerstoffatom angedockt haben. Der Fachmann spricht in diesem Fall von einer Reduktion. Weil gleichzeitig eine Oxidation stattfindet, ist die »kalte Verbrennung« eine Redoxreaktion. Das Produkt dieser Hochzeit im Reich der Chemie heißt Wasser (H_2O).

Also nochmal im Klartext: Die Reaktion spielt sich zwischen zwei Elektroden ab. An der Kathode wird Wasserstoff eingeleitet. Ein Katalysator spaltet die Wasserstoffatome in negativ geladene Elektronen und positive Wasserstoffionen. Die Membran lässt nur die Ionen durch. Die Elektronen wandern auf einem elektrischen Leiter zur Anode. Genau wie bei der Knallgasreaktion wird dabei Energie freigesetzt. Denn die Elektronen, die durch das Kabel fließen, sind letztlich nichts anderes als elektrischer Strom.

Wer auch immer ehrlich auf eine emissionsfreie Zukunft hinarbeitet, der wird auf die Brennstoffzelle nicht verzichten können. Von den besagten Monsterbrennstoffzellen in gruseligen U-Boot-Kampfmaschinen, die in den Tiefen der Weltmeere ihr Unwesen treiben, bis hin zu Minibrennstoffzellen, die die Laptops der Zukunft antreiben sollen – Die möglichen Anwendungsgebiete für Brennstoffzellen sind riesig. Sie sitzen in den ersten serienmäßig hergestellten Wasserstoffautos von Hyundai und Toyota und werden unter anderem von der Firma Viessmann an Häuslebauer geliefert, um in einem kleinen Kraftwerk das Eigenheim mit Strom und Wärme zu versorgen. Noch wird Letzteres mit Erdgas betrieben. Das System ist in der Lage, den Wasserstoff aus der Erdgasreformation zu ziehen. Aus Sicht der Klimaschützer ist es also noch nicht der Weisheit letzter Schluss, weil dabei ja CO_2 entsteht. Aber immerhin senkt die Viessmann-Heizung laut Eigenwerbung den Energieverbrauch eines Haushalts um bis zu 40 Prozent. Im Elektromarkt sind längst die ersten Brennstoffzellenspielzeugautos im Verkauf. Getankt wird mit Wasser. Eine kleine Solarzelle besorgt den für die Elektrolyse nötigen Strom. Um Kindern ab zwölf die neue Technik näherzubringen, gibt es das *»Experimentier-Set Horizon Renewable Energy Science Education«*, welches neben Solarmodul, Elektrolyseur und Brennstoffzelle auch noch ein kleines Windrad und anderen elektrotechnischen Schnickschnack bietet.

Wie es mit technischen Erneuerungen bedauerlicherweise so oft der Fall ist, preschen auch bei der Brennstoffzelle die Militärs als Vorreiter voran. Die US-Army bastelt sie nicht nur in Drohnen, die unsere Lüfte unsicher machen, sondern auch noch in sogenannte *Unmanned Underwater Vehicles*, UUVs. Brennstoffzellen sollen zukünftig außerdem in gepanzerten Geländewagen sitzen, wo sie nicht nur für Vortrieb sorgen werden, sondern auch für die Wasserversorgung der Soldaten. Am Körper getragene *Fuel Cells* werden die Batterien in der Ausrüstung ersetzen und den Kämpfern, die wie zu Zeiten der Römer bis zu 50 Kilo Ausrüstung mit sich herumschleppen müssen, eine Gewichtsersparnis von 50 Prozent bescheren.

Erwähnenswert ist an dieser Stelle ein weiteres technisches Detail. PEM-Brennstoffzellen funktionieren am besten mit »grünem« Wasserstoff, der per Elektrolyse gewonnen wird. Bei ihm ist nämlich auf natürliche Weise sichergestellt, dass er nur einen äußerst geringen Anteil von Kohlenmonoxid (CO) enthält. Die Verunreinigung durch Kohlenmonoxidmoleküle blockiert die chemisch aktiven Teile des Platins im Katalysator und verkürzt seine Lebensdauer beziehungsweise macht ihn gleich ganz unbrauchbar. Man kann sich unschwer vorstellen, dass der CO-Gehalt von Wasserstoff aus der Erdgas- oder gar Steinkohlenreformation ungleich höher ist als die tolerablen 10 ppm, wobei *ppm* für *Parts per Million* stehen. Auf eine Million H_2-Moleküle dürfen also nicht mehr als zehn CO-Moleküle kommen. Die Reinigung des Wasserstoffs ist aufwendig und eine wissenschaftliche Herausforderung.

Neben der Brennstoffzelle, die man mit reinem Wasserstoff betreibt, wird fleißig an zwei anderen Brennstoffzellen-Typen entwickelt: der Methanol-Direktbrennstoffzelle und der Ammoniak-Brennstoffzelle. Sowohl Ammoniak (NH_3) als auch Methanol (CH_4O) bieten gegenüber dem reinen Wasserstoff (H_2), den Vorteil, dass sie teils weniger energieaufwendig in der Herstellung und der Lagerung sind und sich zudem leichter transportieren lassen.

Beginnen wir mit Methanol. Der »schlechte« Alkohol ist bei Trinkern allseits gefürchtet. In geringer Dosis verursacht Methanol Kopfschmerzen, in hoher Konzentration hingegen ist es hochgiftig. Verschlucken kann zu Blindheit und Tod führen. Methanol gehört zu den weltweit am häufigsten industriell hergestellten organischen Chemikalien. Genau hier liegt aus Sicht heutiger Klimatologen das Problem: »Organisch« bedeutet, dass Kohlenstoff im Spiel ist. Die Methanol-Direktbrennstoffzelle verbrennt in ihrem chemischen Feuer

Methanol zu Wasser und Kohlendioxid. Nimmt man nun also »grün« erzeugten Wasserstoff zur Erzeugung von Methanol, so muss immer noch der Kohlenstoffanteil irgendwo herkommen. Ihn in Form von CO_2 aus der Luft zu ziehen, ist zwar möglich, aber technisch aufwendig und bei einem Anteil von 0,04 Prozent in unserer Atemluft nicht wirklich effektiv. Also soll das CO_2 in Zukunft aus den Abgasen der Beton-, Papier- oder Stahlproduktion bezogen werden. Wir haben es also mit einem klassischen Linke-Tasche-rechte Tasche-Phänomen zu tun. Zwar wird etwa beim Brennprozess von Zement das aus dem Kalk (und den in der Regel fossilen Energieträgern) entweichende Kohlendioxid noch einmal genutzt, statt einfach in die Atmosphäre gepustet zu werden. Am Ende landet das CO_2 aber doch genau dort. Bei Stahl hingegen kann Kohlenstoff im Produktionsprozess nahezu gänzlich durch Wasserstoff ersetzt werden. Stahlwerke, die demnach weiter auf die veraltete Kohletechnik setzen, können sich durch die Veredelung ihres Abfallprodukts Kohlendioxid mit Methanol »greenwashen«. Die Papierindustrie schlussendlich ist wohl unabhängig von der CO_2-Frage äußerst schädlich für Klima, Biodiversität, Wasserqualität etc. einzig und allein aus der Tatsache heraus, dass sie Bäume frisst – und zwar äußerst viele. Wer sich die Mühe machen möchte, sich einmal an Spaniens Atlantikküste inmitten ökologisch toter Eukalyptusmonokulturen eine der zahlreichen Papierfabriken anzusehen, die das Wasser der klaren Gebirgsflüsse in stinkende, milchige Kloaken verwandeln, der wird wahrscheinlich meine Meinung teilen, dass wir unseren Papierkonsum gründlich überdenken sollten. Vor allem im Verpackungswesen sind gigantische Einsparungen möglich, wenn statt auf Einweg auf Mehrweglösungen und ein intelligentes Pfandsystem gesetzt würde.

Trotz dieser Schönheitsfehler setzt die »Gumpert Automobile GmbH« aus Ingolstadt bei der Herstellung ihres Sportcoupés »Nathalie« auf die Methanol-Brennstoffzelle. Gekoppelt mit einer Batterie erreicht der Wagen durch seinen Methanoltank laut Firmenangaben eine Reichweite von 800 Kilometern – im Energiesparmodus bei 120 km/h. Der Tankvorgang dauert drei Minuten – allerdings nur bei voller Batterie! Mit 407 000 € für das Basismodell, das in 2,5 Sekunden von 0 auf 100 katapultiert werden kann und 300 km/h Spitze leisten soll, ist das Gefährt erst einmal weder etwas für arme Leute noch besonders alltagstauglich. Laut Roland Gumpert geht es bei dem Wagen vor allem darum, in einem ersten Anlauf die technische Ausgereiftheit des Autos unter Beweis zu stellen.

Ein wenig anders stellt sich die Sache beim Thema Ammoniak dar. Er wird in der Regel im Haber-Bosch-Verfahren gewonnen (siehe Kapitel: »Der Stoff, aus dem die Wasser sind«). Kohlenstoff wird außen vor gelassen, solange grüner Wasserstoff zum Einsatz kommt.[2] Jedoch ist das Verfahren äußerst energieintensiv. Wird Wasserstoff verflüssigt, so benötigt man für dieses Verfahren etwa ein Drittel seines Brennwertes. Er verfügt dann über eine Dichte von 71 kg/m^3

und eine volumenspezifischen Energiedichte von 2,4 kWh/l. Bei einer Komprimierung auf 700 bar in CFK-Druckflaschen ergeben sich Dichten von 40 kg/m³ und volumenspezifischen Energiedichten von etwa 1,35 kWh/Liter. Der Energieaufwand für die Komprimierung auf 700 bar beträgt circa 12 Prozent des Wasserstoff-Heizwertes. Die Effizienz in der Ammoniakherstellung liegt bei etwa 64 Prozent. Sie ist also noch unvorteilhafter als die Effizienz des Verflüssigungsverfahrens. Dennoch ist Ammoniak danach – was Lagerung und Transport angeht – natürlich wesentlich einfacher zu handhaben als das reine H_2. Die Probleme liegen woanders. Neben seiner Giftigkeit ist NH_3 nämlich auch noch stark korrosiv und ätzend und hat eine relativ niedrige Energiedichte, gemessen an seinem Gewicht. Die Forschung an der Ammoniakbrennstoffzelle steckt noch in den Kinderschuhen. Anfänglich vielversprechende Versuche mit der sogenannten Hydroxyde Exchange Membrane (kurz: HEM) Brennstoffzelle unter Professor Yushan Yan von der University of Delaware, bei der eine speziell entwickelte Membran für Hydroxide und Temperaturen von 500 °C zum Einsatz kommen sollte, zeigten am Ende nicht die erwünschten Resultate. Das System reagiert nämlich empfindlich auf Kohlendioxid in der Luft. Yan machte aus der Not eine Tugend und versucht seine Maschine jetzt als eine Art CO_2-Staubsauger auf den Markt zu bringen, weil sie nach einer leichten Modifikation nun in der Lage ist, bis zu 99 Prozent des in der Luft enthaltenen Kohlendioxids herauszufiltern. Damit eignet sie sich zwar prima für diverse Greenwashing-Projekte der Industrie, doch der eigentliche Zweck einer modernen Brennstoffzelle, die ewigen Energien wie Wind und Sonnenkraft, in gespeicherter Form der Menschheit sinnvoll zur Verfügung zu stellen, wird verfehlt.[3]

Trotz solcher Rückschläge geht die Forschung weiter. Das norwegische »Project ShipFC« vom Norwegian Research Center setzt auf die Festoxid-Technologie, die mit Temperaturen von rund 800 °C operiert. Das Offshore-Schiff Viking Energie von Eidesvick wird mit einem modularen System ausgestattet, das zwei Megawatt Leistung bringen wird und bis zu 3000 Stunden lang im Jahr betrieben werden kann.

Schlussendlich sollte noch die Reversible Brennstoffzelle Erwähnung finden. Sie ist in der Lage, je nach Bedarf, auch als Elektrolyseur zu dienen. Doch auch bei ihr steht die Forschung noch ganz am Anfang.

Ausgerechnet Shell

»Ich traue nur der Statistik, die ich selber gefälscht habe.«

Angeblich Winston Churchill,
wahrscheinlich jedoch von Joseph Goebbels

Bevor wir uns tiefer hineinverirren in das Labyrinth der Wasserstoff-Start-ups, wollen wir einen Blick auf einen ganz bestimmten Ölkonzern richten, der in Wahrheit sein Kerngeschäft vor dem Ende sieht. Ausgerechnet Shell, der Verkommenste unter den ohnehin schon Fiesen, der Bad-Boy des Kartells, ausgerechnet dieser holländisch-britische Fossil-Dinosaurier hat eine großangelegte Studie zum Thema Wasserstoff in Auftrag gegeben. Titel: *Energie der Zukunft?*

Eine Wahrheit sehen und eine Wahrheit akzeptieren sind zwei Paar Schuhe. Davon zeugt das Fragezeichen hinter dem Titel. Zu lange schon schmiert der Petro-Dollar die Spirale einer Weltwirtschaft, die wie ein suchtkranker Junkie einerseits davon träumt, von der Droge loszukommen, sich aber ein Leben ohne sie nicht vorstellen kann. Wenn jedoch selbst Ölkonzerne die Wasserstoffgesellschaft heraufdämmern sehen, dann sind wirklich Dinge im Umbruch. Wer damals, im Jahr 2017, die frisch erschienene Shell-Studie las, erfährt viele interessante Dinge zu einer Vielzahl von Fakten zum Thema H_2, die sich teilweise und in ähnlicher Form als notwendiges Allgemeinwissen auch auf den Seiten dieses Buches finden lassen. Dennoch wäre es naiv, eine solche Studie zu betrachten, ohne die Sinne geschärft zu haben für die propagandistischen Fallstricke, hinter denen Shell seine wahren Absichten verbirgt. Bevor wir uns ein wenig auf die Suche begeben, müssen wir uns fragen, wo diese liegen könnten.

Da ist zum einen gewiss der Wille, so lange wie möglich so viel Geld wie nur irgend geht aus dem Geschäft mit Öl und Gas zu scheffeln. Auf der anderen Seite wollen Shell und Konsorten den Zug mit der Aufschrift »Erneuerbare Energien« natürlich nicht abfahren sehen, ohne selber an Bord zu sein. Dieser Zug wird nicht bloß figurativ auf Wasserstoff angewiesen sein. Seit dem 16. September 2018 verbindet der weltweit erste Zug mit dem irritierenden Namen »Coradia iLint« die niedersächsischen Städte Cuxhaven, Bremervörde und Buxtehude. Gebaut wurde er von der in Salzgitter ansässigen Firma Alstom. Setzt sich diese Entwicklung fort, so steht also auch die gute alte Diesellok vor dem baldigen Aus. Doch dies sei nur am Rande erwähnt. Die größte Gefahr für das Geschäftsmodell des Ölkartells ist die dezentrale Wasserstoffgewinnung per Elektrolyse aus ewigen Energien oder gar der Algenwasserstoff aus eigenem Anbau. Die Hoffnungen des Kartells indes richten sich auf die schwierige Handhabbarkeit von Flüssigwasserstoff, die mit aufwendiger Technik verbunden ist und somit nur von Großkonzernen mit Unterstützung der Politik gelingen kann. Diese Technik ist sowieso dermaßen teuer, dass sie vorerst einzig für reiche Industrienationen in Frage kommt. Wer sich mit den in der Studie offengelegten Shell-Visionen von der zukünftigen Wasserstoffgesellschaft beschäftigt, der lernt, dass heutzutage der absolute Löwenanteil der weltweiten Wasserstoffproduktion aus der Reformierung fossiler Energieträger gewonnen wird. Dieser »graue« Wasserstoff passt natürlich gut ins Konzept des Konzerns. Während die Elektrolyse aus Atomstrom hübsch hinter dem Pfad »EU-Strom-Mix« versteckt wird und ansonsten keinerlei Erläuterung findet, lernen wir, dass angesichts heutiger Strompreise die fossile Reformierung am kostengünstigsten sein soll. Dies wissend, fällt es natürlich nicht besonders schwer zu ahnen, warum die wechselnden Regierungen der letzten zwanzig Jahre so verbissen an den künstlich hochgehaltenen Kosten für Strom aus den Erneuerbaren festhielt. Das Gezerre um russisches Gas, im Zuge des russischen Angriffskrieges gegen die Ukraine, zeigt einmal mehr, wie hoch in Wahrheit der Preis ist, den wir für das unnötige Verharren in der Fossil-Gesellschaft bezahlen.

Dazu finden wir auf Seite 18 der Shell-Studie folgende erhellenden Sätze:

»Die Möglichkeit, Wasserstoff in großem Maßstab etwa durch Solarenergie in Nordafrika oder Offshore-Windenergie in Nordeuropa herzustellen und per Schiff nach Deutschland zu transportieren, wird an dieser Stelle ausgeklammert. Aufgrund verschiedener, nicht nur technischer, sondern auch geopolitischer Aspekte ist die Realisierung dieser eher langfristig bedeutsamen Option noch nicht zu bewerten.«

Woher kommt auf einmal diese Zurückhaltung? Seit wann hat Shell ein Problem mit Geopolitik? Wenn es darum geht, Ölquellen oder Gasfelder auszubeuten, war das, jedenfalls bislang, kein Hindernis. Zur Not wird die Geopolitik einfach mit einem gerüttelt Maß an Skrupellosigkeit auf Linie gebracht. Sinnbildlich hierfür steht das Vorgehen des Konzerns im Nigerdelta. Hier, wo der majestätische Strom nach knapp 4200 Kilometern in den Atlantik mündet, verwandelte Shell ein tropisches Paradies in eine neokolonialistische Hölle aus Umweltverseuchung und menschlichem Elend – Folgen waren Bürgerkrieg und Massaker an der unbequemen, weil am stärksten von den Umweltschädigungen betroffenen Volksgruppe der Ogoni. Shell ließ sich nicht nur zu illegalen Waffenlieferungen an Milizen hinreißen, mit seinen schmutzigen Petro-Dollars kaufte es gleich das ganze nigerianische Militärregime. Ich erinnere an den Schriftstellerkollegen, Bürgerrechtler und Träger des »alternativen Nobelpreises« (Right Livelihood Award) Ken Saro-Wiwa, der 1995, im Alter von 54 Jahren, auf Betreiben von Shell gemeinsam mit acht Mitstreitern von der damaligen Militärregierung unter dem Diktator Sani Abacha (1943–1998) gehenkt wurde. Ungezählt sind die Verbrechen, die aus Gier nach dem schwarzen Gold verübt wurden. Möge der Mord an Ken Saro-Wiwa stellvertretend für sie alle stehen.

2009, vierzehn Jahre nach der Tat und elf Jahre nach dem Ableben des Diktators infolge einer Überdosis Viagra in Gegenwart von drei indischen Prostituierten, zahlte Shell 15,5 Millionen Dollar an die Hinterbliebenen. Dabei betonte der Konzern, dies sei kein Schuldeingeständnis. Die Millionen waren Peanuts, verglichen mit den geschätzten fünf Milliarden Petro-Dollars, die allein Sani Abacha vor seinem sexualisierten Ableben außer Landes schaffen konnte. Seit 2017 läuft am Gerichtshof für Menschenrechte in Den Haag, auf Initiative von Amnesty International, der Prozess gegen Shell wegen Mittäterschaft an der ungesetzlichen Verhaftung und Hinrichtung der neun Männer. »Geopolitische Aspekte« als Hinderungsgrund für die ausgiebige Produktion »grünen« Wasserstoffes kaufe ich dem Shell-Konzern nicht ab.

Fraglich bleibt, was Shell dazu bewegt, nicht in ernsthaft großem Umfang in Solarparks zu investieren, obwohl der Konzern, genau wie auch sein Gegenspieler Total, Gründungsmitglied im Hydrogen Council ist. Der Hauptgrund wird folgender sein: Es ist die Angst vor einer dezentralisierten Konkurrenz. Nicht jeder hat schließlich eine Ölquelle, ein Gasfeld oder Kohleflöze auf seinem Land. Was Sonne und Wind angeht, sieht die Sache schon anders aus. Da lässt sich geopolitisch wahrscheinlich wirklich nicht besonders viel dran ändern. Shell treibt die Angst vor einem Dammbruch.

Eine Seite weiter stoße ich auf das Balkendiagramm »Erzeugungskosten von Wasserstoff« mit Ist-Zustand und Ausblick. Es werden gegenübergestellt: Erdgasreformierung zentral/dezentral, Elektrolyse zentral/dezentral und Biomasse zentral/dezentral. Mit drei Euro am billigsten ist demnach der Preis für die zentrale Erdgasreformierung. Hier wird die Aussicht gegeben, dass der Preis auf zwei Euro sinken könne. Mit zwölf Euro am teuersten hingegen ist die dezentrale Hydrolyse. Für sie und für die dezentrale Erzeugung aus Biomasse werden keine Prognosen geliefert.

Wer also ein wenig zwischen den Zeilen zu lesen versteht, der begreift: Eine dezentralisierte Versorgung der Menschen mit Wasserstoff weckt bei den Energiekartellen die Angst vor dem Untergang. In den Chefetagen der Konzerne und den Hinterzimmern der Politik geht ein Albtraum um: Jedermann mit Zugang zu ein wenig Wind oder Sonne oder Strömung erzeugt sich seinen eigenen Wasserstoff, versorgt damit sein Haus mit Strom und Wärme, tankt sein Auto und verkauft eventuelle Überschüsse an seine Nachbarn oder wen auch immer. Mit Beginn der Massenfertigung wird die erforderliche Technik auch für Max Mustermann erschwinglich werden. Nach einmal abgegoltenen Investitionen fallen nur noch Wartungskosten an. Es gäbe Energie sozusagen zum Nulltarif. Der Kollaps der alten Kartelle wäre unausweichlich.

Geopolitisch konnte Shell nicht verhindern, dass rund um den Globus, in mit Sonne und/oder Wind gesegneten Ländern, der Run auf die Wasserstoffelektrolyse längst begonnen hat. Von Marokko bis Namibia, von Indien bis Chile; überall ploppen groß angelegte, grüne H_2-Projekte empor. Bis die Kleinteiligkeit des Megatrends Wasserstoff in der Mitte unserer Gesellschaften ankommt, wird es nicht mehr lange dauern. Ich werde Shell, Exxon, BP und Co. keine Träne hinterheulen.

Wasserstoffhäuser

»Deutschland ist kein Ressourcenland.
Auf jedes Dach gehört eine Solaranlage.«

Andrew Murphy, 2012

Nie mehr die Stromrechnung bezahlen. Kein Gas oder Heizöl oder gar Kohle mehr zu immer teurer werdenden Preisen kaufen müssen. Putin, den Saudis und allen anderen Energieschurken eine lange Nase drehen, während man gemütlich die Wärme und den Vollkomfort seines Eigenheims genießt. Der Traum von Energieautarkie klingt zu schön, um jemals wahr werden zu können. Doch Wasserstoff macht es möglich. Die Idee ist nicht neu. Vor einiger Zeit blätterte ich in einem alten GEO-Magazin aus den späten 1980er-Jahren und stieß dort auf ein Wohnprojekt, bei dem die Sonnenenergie per Solar auf dem Dach geerntet und im Keller in Form von Wasserstoff gespeichert wurde. Seitdem ist viel Zeit verstrichen. Doch in letzter Zeit tut sich etwas auf dem Markt.

Die ersten Wasserstoffhäuser sind gebaut und man fragt sich, was unternommen werden muss, damit wir in Zukunft alle in den Genuss kommen können, energetisch frei und unabhängig zu wohnen. Die Berliner Unternehmen Home Power Solutions verspricht mit ihrem System Picea vollständige Unabhängigkeit von externer Stromversorgung. Solarenergie, die in Form von Gleichstrom nicht sofort verbraucht wird, landet erst einmal in einer Pufferbatterie. Ist diese voll, kickt der Elektrolyseur ein und befüllt den Wasserstoffspei-

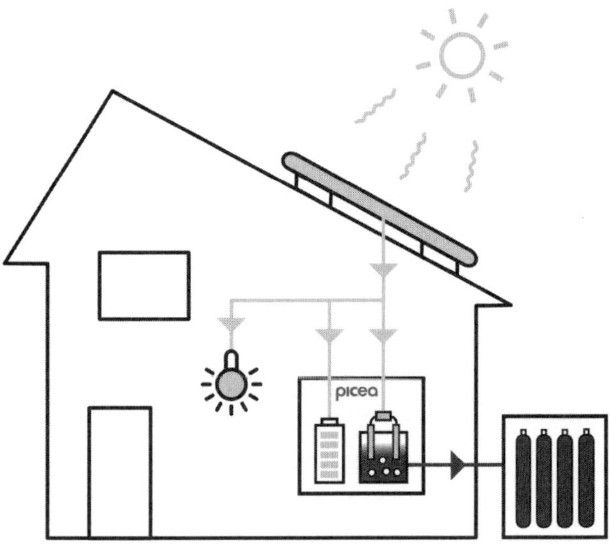

Ein Wasserstoffhaus mit Solarzellen auf dem Dach, Pufferbatterie, Warmwasseraufbereitung durch Elektrolyse/ Brennstoffzelle und Wasserstofftanks im Außenbereich.

cher. Dieser besteht aus Stahlflaschen, die in einem Kabuff hinter dem Haus gelagert werden. Die beim Elektrolyseprozess gewonnene Wärme geht in die Warmwasseraufbereitung. Sinkt im Winter die Intensität der Sonneneinstrahlung, beginnt die Brennstoffzelle mit der Rückverstromung. Die Wärme, die hierbei entsteht, wird ebenfalls für Warmwasser genutzt. Das System funktioniert sogar in Lagen, in denen winterlicher Schneefall die Solarzellen wochenlang komplett außer Betrieb setzt. Ganz ohne Heizung – ob mit Gas, Kohle oder Öl betrieben – kommen freilich auch Häuser mit Picea-System nicht aus.

Aber ihr Gebrauch ist deutlich reduziert. Ich denke, dies ist allein eine Frage der Skalierung.[1] Baut man den H_2-Speicher entsprechend größer und installiert neben den Solarzellen eventuell noch die ein oder andere Windkraftkleinanlage, um die Energieausbeute zu steigern, so dürfte der Wasserstoff am Ende sogar reichen, um das H_2-Auto beziehungsweise H_2-Fahrrad zu betanken. Passend wären hier die Wackelstäbe des spanischen Unternehmens Vortex. Zwar liefern diese weniger Energie als ein Windrad, haben dafür aber eine Menge anderer Vorteile, die sie für Kleinnutzer interessant machen. Zum einen verfügen die Anlagen über kein Getriebe, brauchen also auch kein Öl und sind somit sozusagen wartungsfrei. Zudem laufen die oszillierenden Masten frei von Lärm (außer bei Orkan) und zerschreddern weder Vögel noch Insekten. Leider warten wir bereits seit 2015, dass die Dinger auf den Markt kommen.

Natürlich sind auch kommunale Lösungen denkbar. Damit nicht jeder allein sein Wasserstoffsüppchen kochen muss, wären größere Elektrolyseur-Brennstoffzellen-Lösungen wünschenswert, die ganzen Gemeinden die energetische Unabhängigkeit liefern könnten. Während in Baden-Württemberg die Solarpflicht für Neubauten eingeführt wird,[2] möchte ich anregen darüber nachzudenken, wie es wäre, unsere Dachflächen zu verstaatlichen. Was einigen sicherlich auf den ersten Blick als ästhetische Zumutung vorkommen dürfte, erscheint akzeptabel, weil es das Zeug dazu hat, die Unabhängigkeit von Energieimporten einen großen Sprung nach vorne zu bringen. Wer sich die Bilder der von russischem Kriegsgerät in Schutt und Asche gelegten Städte und Dörfer der Ukraine besieht, für dessen Sinn für Ästhetik dürften flächendeckende Solarbedachungen sicherlich das kleinere Problem sein. Man darf nicht vergessen: Putin hat seine Bomben und Raketen zu einem großen Teil von den Mitteln bauen können, die der Rest der Welt ihm für sein Öl, sein Gas und seine Kohle gezahlt hat. Eine Verstaatlichung hätte vor allem deswegen seine Berechtigung, weil wohlhabende Menschen, die in einem Eigenheim wohnen, in der Regel mehr Dachfläche pro Kopf zur Verfügung haben als Menschen die in Mietwohnungen hausen. Das Projekt Energetisches Nachbarschaftsquartier auf dem Gelände eines ehemaligen Fliegerhorsts in Oldenburg ist ein gutes Beispiel, um diese These zu untermauern. Auf den Dächern seiner Mietskasernen wird schlicht nicht genug Sonnenlicht geerntet, um den Betrieb des kleinen Elektrolyseurs wirklich lohnend zu gestalten. Abgesehen davon, handelt es bei dem Gerät um ein veraltetes, luftgekühltes Exemplar, das nicht die Vorteile der Warmwasseraufbereitung bietet. Immerhin wird in Oldenburg das Wohnen mit Wasserstoff gelebt und erforscht. Aus Fehlern, die hier gemacht werden, können zukünftige Projekte viel lernen.

Batterie oder Wasserstoff – Welches Auto macht das Rennen?

»Fuel cell is so bullshit, it's a load of rubbish.«

Elon Musk[1]

Am 1. April 2022 überrascht das Internetmagazin WhichEV die Weltöffentlichkeit mit der Meldung, dass Elon Musk im Jahr 2024 das erste Wasserstoffauto auf den Markt zu bringen plant. Das Modell H soll es im »Hindenburg Modus« von 0 auf 60 mph in 1,2 Sekunden bringen und seinen »gelben« Wasserstoff in Zukunft von genmanipulierten Zitronen erhalten. Ein erstaunlicher Sinneswechsel für den mutmaßlich reichsten Menschen der Welt, mit seinem Sinn für den schillernden Auftritt, der die Brennstoffzelle (fuel cell) wiederholt als Narrenzelle (fool cell) verhohnepiepelt hat. Der öffentliche Fokus in Sachen Wasserstoff liegt ganz klar bei der Autoproduktion. Eine rasch wachsende Fangemeinde des Batteriestromers sieht die Technik ihrer neuen Gefährte bereits als Sieger des Rennens um den Antrieb der Zukunft. Die Argumente gegen H_2-Autos sind schnell aufgezählt und leicht zu widerlegen. Gerne wird das bisher kaum vorhandene Netz von Wasserstofftankstellen ins Feld geführt. Wie im Kapitel »Der Stoff, aus dem die Wasser sind« kurz angeschnitten, stimmt dies nur auf den ersten Blick. Auf den zweiten Blick sehen wir aber, dass fast weltweit ein sehr dichtes Netz konventioneller Tankstellen präsent ist, die sich leicht auf Wasserstoff umrüsten lassen. Das ist sicherlich weniger Aufwand, als die Ladeinfrastruktur für E-Autos komplett neu aufzubauen. Ferner heißt es, grüner Wasserstoff sei teuer und kaum verfügbar. Die Ökonomin Claudia Kemfert nennt ihn gar den »Champagner unter den Energieträgern«. Nun, in nicht allzu ferner Zukunft soll dieser »Champagner« für unter einen Euro Herstellungskosten pro Kilo verfügbar sein. Dann wird es heißen: Schampus für alle! Das Hauptargument gegen den Brennstoffzellenstromer aber ist der Energieverlust, der bei der H_2-Produktion und auch bei der Rückverstromung zweifellos gegeben ist. Die Batterie speichert den hineingetankten Strom fast eins zu eins. Man bedenke hier jedoch zuerst einmal Folgendes: Die H_2-Antriebstechnologie steckt immer noch in den Kinderschuhen und hier ist noch jede Menge Luft nach oben, sobald sie einmal die Förderung durch Politik und Konzerne erhält wie derzeit die diesbezüglich äußerst verwöhnten Batteriegegenspieler. Außerdem lässt sich Kritikern gegenüber entgegnen, dass die ewigen Energien derart gewaltig verfügbar sind, dass man einfach nur die »Erntemengen« entsprechend erhöhen muss, um ausreichend Wasserstoff zu erhalten. Aus diesem Gesichtspunkt heraus ist es ja auch kein Wunder, dass die Batterieenthusiasten sich gerne in verschämtes Schweigen hüllen, wenn die Frage laut wird, woher denn überhaupt der Strom für ihre vermeintlichen Öko-Autos stammt. Den liefert nämlich nach wie vor der Strommix, der neben den Erneuerbaren auch Kohle-, Gas-, und Atomkraftwerke zu seinen Lieferanten zählt. Auch wenn Letztere in Deutschland wahrscheinlich demnächst der Vergangenheit angehören werden, so sieht dies in den Nachbarländern noch gänzlich anders aus. Dazu passt eine Meldung des mittlerweile geschassten VW-Chefs Herbert Diess auf der Kurznachrichtenplattform Twitter aus dem Frühjahr 2021:

»Das Wasserstoff-Auto ist nachgewiesen NICHT die Klimalösung. Im Verkehr hat sich die Elektrifizierung durchgesetzt. Scheindebatten sind reine Zeitverschwendung. Bitte auf die Wissenschaft hören!«[2]

Mal ganz abgesehen von der Tatsache, dass auch Brennstoffzellenfahrzeuge elektrifiziert sind, lässt es schon aufhorchen, dass Diess, der sich selber in einer Talkshow einen Betrüger nennt, das »Ende der Technologieoffenheit« so verbissen zu erstreiten suchte.[3] Man darf bei ihm und den anderen dieselkriminellen Autofabrikanten nicht vergessen, worum es im Kern bei ihrer Manipulation der Autosoftware ging: Sie wollten den Anschein von Umweltfreundlichkeit in ihrer stinkigen Produktpalette erwecken; Fake-Umweltschutz also! Während in den USA der VW-Manager Oliver Schmidt in den Knast wanderte, machte sich Angela Merkel, die schon mit dem Erneuerbare-Energien-Gesetz bewiesen hatte, eine Meisterin darin zu sein, Mensch und Natur mit Fake-Umweltschutz auf die Pelle zu rücken, zur Komplizin der Kriminellen und ließ sie samt und sonders davonkommen. Die von den Gerichten verhängten – viel zu milden – Strafzahlungen ließen sich steuerlich absetzen und wurden mithin vom Steuerzahler beglichen. Der Gipfel der Unverfrorenheit waren und sind in dieser Hinsicht die sogenannten »Umweltzonen« in unseren Städten, in die neben allen Benzinern nur noch eben jene »sauberen« Diesel-Fahrzeuge fahren dürfen. Besitzer von alten Dieseln mussten ihre Fahrzeuge abgeben und gegen die »sauberen« Autos eintauschen. Mein persönlicher Eindruck jedenfalls ist, dass die Luft in unseren städtischen Straßen durch diese »Umweltzonen«, die nichts anderes als ein weiteres Geschenk an die Dieselkriminellen darstellen, nicht einen Deut besser geworden ist. Vergleiche drängen sich auf zum »Grünen Punkt« und dem elenden Recyclingzirkus. Merkels Vorgänger und Lehrmeister in Sachen Fake-Umweltschutz, CDU-Kanzler Helmut Kohl, hat ihn ins Leben gerufen. Er ersann ihn, als die Rufe nach Müllvermeidung immer lauter wurden. Statt ein konsequentes Pfandsystem mit unproblematischen Stoffen wie Glas oder Edelstahl auf allen Ebenen verpflichtend zu machen, wurde und wird kostenintensiv der Plastikwahnsinn noch viel weiter angeheizt. Auch hier zahlen der Mann und die Frau auf der Straße kräftig drauf und die Umwelt geht weiter den Bach runter. Der Plastikmüll wird vielfach einfach verbrannt (thermisch verwertet) oder landet als Exportgut auf den Stränden Malaysias oder in sonstigen »Partnerländern«. Den Vogel schoss in dieser Hinsicht indes der Ex-Umweltminister der Grünen, Jürgen Trittin ab, der mit seinem »Dosenpfandgesetz« den PET-Plastikflaschen zum Siegeszug verhalf und damit dem vorbildlichen System des Glaspfands bei Getränkegebinden einen empfindlichen Schlag versetzte.

Es wundert natürlich nicht, dass Herr Diess in seinem Tweet das »Klima« bemüht und nicht die Umwelt. Dass solchen Menschen und ihren Produkten kein Vertrauen geschenkt werden sollte, versteht sich von selbst. Da wundert es ebenfalls nicht, dass der VW-Konzern unter größter Geheimhaltung das Patent für eine hochmoderne Brennstoffzelle erworben hat, die auf Keramik basiert und ohne Polymere, also Plastik, und ohne Platin auskommt, wie das Fachmagazin EFahrer.com unter dem Titel »Elektro predigen, Wasserstoff saufen« berichtet.[4] Natürlich will auch der größte Autokonzern der Welt einen Fuß in der Tür haben, damit sie ihm von der schönen neuen Welt des Wasserstoffs nicht vor der Nase zugeschlagen wird, im Laufe der zu erwartenden Entwicklungen der nächsten Zeit.

Dazu kommt, dass sehr viele, die sich heute ein E-Auto kaufen und dabei von den üppigen staatlichen Fördergeldern profitieren, ohne die ein Markthochlauf der unpraktischen, eigentlich nur für den Stadtverkehr geeigneten Stromer anscheinend vollkommen illusorisch wäre, wohlhabend genug sind, um sich einen Benziner oder Diesel als Zweitwagen leisten zu können. Die weniger Wohlhabenden, die dazu nicht in der Lage sind, zahlen also mit ihren Steuergeldern für den praktizierten Fake-Umweltschutz der Reichen! Für den gebeutelten Planeten und seine Bewohner ist der Trend zu Akku-Autos nämlich alles andere als eine Erleichterung. Allein schon wegen des hohen Gewichts erhöht sich der Reifenabrieb deutlich, was zu noch mehr Feinstaub und Mikroplastik in unserer Natur führt.

Klar ist längst, dass auch Nutzfahrzeuge auf Batteriebasis nicht besonders praktisch sind. Die langen Ladezeiten begrenzen ihren Einsatz auf den Nischenbereich Stadtverkehr. Das hohe Eigengewicht der Batterien ist natürlich auch nicht hilfreich. Wenn die Hälfte des Frachtgewichts auf die Batterien geht, leidet die Wirtschaftlichkeit. Mercedes Benz geht mit Brennstoffzellen-LKWs voran. Peugeot, aber auch Opel, ziehen mit entsprechenden Kleintransportern auf Wasserstoffbasis hinterher. PKW werden folgen. Ein Vögelchen zwitscherte mir ins Ohr, dass das iCar, jenes selbstfahrende Wunderding von Apple, auf das die Welt gespannt wartet, den Dammbruch bei Wasserstoff im PKW-Bereich bringen werde. Warten wir es ab.

Wie man die Energiewende bestmöglich vermasselt

»Schaut man sich aber das tatsächliche Potenzial der Solarenergie einmal unvoreingenommen an, so müsste unsere Gesellschaft über die sich bietenden Chancen atemlos sein.«

Frank Farenski, 2012

Noch immer gleicht das Ringen der Erneuerbaren Energien (EE) mit dem globalen Ölkartell dem Kampf von David gegen Goliath. Lange waren die Akteure eine Handvoll idealistischer, intelligenter Menschen mit Sinn für die Zukunft. Für das Fossilkartell gerät es, wie wir sehen, zunehmend zum Rückzugsgefecht. Da ist erst mal jedes Mittel recht. Man bekommt zusehends den Eindruck, dass die gesetzlichen Regelungen, angefangen von der EEG-Umlage bis hin zu den Bauvorgaben für Windräder, absichtlich und böswillig so getroffen wurden und werden, dass sie die Ewigen Energien in Misskredit bringen. Die einseitige Förderung der umweltschädlichen und zudem auch noch unpraktischen Batterieautos spielt da in derselben Liga.

Zur Untermauerung dieser These möchte ich über meine Erfahrungen berichten, die ich machen musste, als in unmittelbarer Nähe am Rande unseres Siebengebirges ein Megawindpark geplant wurde. Achtzehn zweihundert Meter hohe Türme sollten mitten hinein in eine der schönsten Landschaften Deutschlands gepflanzt werden. Die rotgrüne Landesregierung von Rheinland-Pfalz hatte bestimmt, dass zwei Prozent der Landesfläche für die EE zur Verfügung gestellt werden sollten. Vor allem Wälder werden seitdem zunehmend für die Windkraft in arge Mitleidenschaft gezogen. Die Auswirkungen auf den Artenschutz sind verheerend.

Bei uns am Asberg lief die Tragikomödie folgendermaßen ab. Der Gemeinderat der Verbandsgemeinde Unkel war aufgefordert, Gebiete für die EE auszuweisen. Unkel liegt aber im engen Rheintal, einer Schlucht, wo kein Wind weht. Sie ist umgeben von naturnahen, wunderschönen Buchen-, Eichen- und Esskastanienwäldern, die die Höhenzüge des Naturparks Rhein-Westerwald schmücken. Für einige Mitglieder des Gemeinderats war es kein Problem, die Initiative UWE (unsere Wind-Energie) zu gründen, in der dieselben Entscheidungsträger, die über die Änderung des Teilflächennutzungsplanes zu bestimmen hatten, sich Anteile an diesem Windpark kaufen konnten. Bevor der warme Subventionsregen aus der EEG-Umlage auf diese Leute herabregnen konnte, gab es allerdings noch ein kleines Problem aus dem Weg zu räumen. Die Wurzel dieses Problems lag ebenfalls in der bereits im Zusammenhang mit der Atombombe erwähnten Ludendorff-Brücke bei Remagen. Nachdem die Amis den Rhein überschritten hatten, kam es in den Wäldern dort oben zu Kampfhandlungen, bei denen tausende Soldaten auf beiden Seiten ihr Leben ließen. Unter anderem galt es, einige Abschussrampen für die V-2, deren Reste noch bewundert werden können, zu erobern. Es wurde also geschossen und gebombt, was das Zeug hält. Die Bäume, vor allem Buchen, waren voller Bleigeschosse und Schrapnellsplitter. Über die Jahre wuchs all dieses Metall in die Stämme ein und hatte zur Folge, dass kein Sägewerk die Bäume haben wollte. Die Sägen wären an dem Metall kaputtgegangen. Über die Jahrzehnte wuchs also ein Bestand an majestätischen Altbäumen heran, der beispielsweise Lebensraum für den bedrohten Schwarzspecht war. Schwarzspechte bauen große Höhlen, die wiederum von Fledermäusen, Hohltauben und einer Vielzahl von Insekten als Wohnraum genutzt werden. Schwarzspechte brauchen Altbäume. Aus genau diesem Grunde sind alte Buchenbestände auch ein Ausschlussgrund für Windparks, genau wie die Vorkommen von Greifvögeln, Schwarzstörchen und sonstigen bedrohten Arten, die sich alle in dem tollen Altbaumbestand tummelten. Tummelten? Genau: tummelten! Man löste dieses Problem ganz einfach, indem man die Waldriesen rigoros abholzte. Die aufgereihten Stämme des für die wirtschaftliche Verwertung unbrauchbaren Holzes erinnerten in ihrer Herzlosigkeit an Bilder aus Brasilien oder Indonesien. Naturschützer des NABU, mit denen ich damals zu tun hatte, berichteten mir zudem von Kronenholz, in denen sich große Reiserhaufen befanden. Allem Anschein nach waren gezielt die Bäume mit Horsten von Großvögeln abgesägt worden. Das beeindruckend laute Trommeln, mit dem die Schwarzspechte auf einem toten Ast klangvoll ihre Balz unternehmen, ist seitdem nur noch selten zu hören.

Nach dem Gemetzel ließ man eine kurze Schamfrist vergehen und verkündete offiziell den Beginn der Windparkplanung. Auf den Karnevalszügen lief eine Gruppe von Mitmenschen, die sich mithilfe von Pappmaschee als Windturbinen verkleidet hatte. Projektierer war die Energieversorgung Mittelrhein (EVM) mit Sitz in Koblenz. Der parteilose Ortsbürgermeister Carsten Fehr war sich nicht zu blöde dafür, sich für die Presse einen grünen Schlips umzubinden, als er die Vorverträge mit den Stromanbietern unterzeichnete.

Was folgte, möchte ich mit dem Krankheitsverlauf der Tollwut vergleichen. Dieser verläuft in drei Phasen: der Beißphase, der melancholischen Phase und – vor dem Exitus – der Lähmungsphase. Das Aus-dem-Weg-Räumen der Baumriesen rechne ich bereits der ersten Phase zu. Danach kamen die Gefälligkeitsgutachten. Ich beschränke mich auf das Schwarzstorchengutachten. Wenn die scheuen, waldbewohnenden Störche morgens zu ihren Futtergründen in die Rheinauen hinabsegeln, darf verständlicherweise in ihrer Flugbahn kein Megawindpark stehen, der die seltenen Vögel und letzten Vertreter ihrer Art früher oder später zu Hackfleisch schreddert. Ein Planungsbüro aus Aachen, spezialisiert auf diese Art Jobs, stellte einen Experten ein, der die Flugbewegungen der Störche kartographieren sollte. Nach getaner Erkundung malte er rote Pfeile auf ein Satellitenbild, welche den Storchenflug symbolisieren sollte. Wundersamerweise bewegten sich die roten Pfeile kreisförmig um das angestammte, wenn auch frisch von Horsten gereinigte Brutgebiet, den Asberg, herum. Fertig war das Gutachten, das den mit der Hoffnung auf persönlichen Profit korrumpierten Ratsmitgliedern vorgelegt werden sollte.

Angesichts solcher Zustände fand ich mich auf einmal in der Phalanx der Windparkgegner, obwohl ich von Sinn und Nutzen der EE natürlich dennoch überzeugt bin. Die Alternativen heißen Atom oder Fossil und sind wesentlich schädlicher. Es kommt nun einmal auf das »Wie« an. Entlang der Autobahnen ist die Landschaft ohnehin bereits geschädigt. Hier gibt es viele sinnvolle Orte für Windkraft. In den letzten Rückzugsgebieten der Natur haben die Industrieanlagen jedoch nichts verloren. Man halte sich bloß einmal vor Augen: Für ein einziges Fundament der Megawindräder werden rund tausend Lkw-Ladungen Beton gegossen. Die Empörung unter den Anwohnern war groß. Für viele ging es um den Wert ihrer Häuser und Grundstücke. Eine Bürgerinitiative wurde gegründet. Es setzte ein großes Hauen und Stechen ein mit Gegengutachten, Leserbriefen und Versammlungen. Die tollwütige Beißphase, in der alle aufeinander losgingen, gipfelte in der Errichtung eines Windmessmastes, mit dem über einen gewissen Zeitraum hinweg ermittelt werden sollte, wie viel Wind dort oben überhaupt weht. Es ist nämlich ein offenes Geheimnis, dass unser schönes Rheintal als Schwachwindgegend gilt.

Nun setzte die melancholische Phase ein. Es wehte kein Wind, und die Gegner des Projektes kamen mit einer seltenen Tierart nach der anderen nach vorne, die am Asberg vorkommen und sämtlich als Ausschlussgrund zu behandeln waren. Als jemand, der mit offenen Augen durch die Natur geht, konnte ich helfen mit Beobachtungen von Wildkatzen, Haselhühnern und Waldschnepfen – allesamt windkraftsensibel. Es gab noch viele andere Einwände. Infraschall etwa ist ein Problem, das bei Anwohnern der Windparks im Ruf steht gesundheitliche Schäden hervorrufen zu können. Man hört ihn nicht, dennoch sind nicht wenige der Meinung, er mache krank.[1] Die Studienlage ist hier zugegebenerweise ziemlich dünn, wofür unter anderem der mangelnde Aufklärungswille derjenigen Regierungen ausschlaggebend sein dürfte, die sich den massiven Ausbau der Windkraft auf die Fahnen geschrieben haben. Das Umweltbundesamt jedenfalls schließt gesundheitliche Beeinträchtigungen durch kurz- und langfristige Exposition gegenüber Infraschall nicht aus. In Berlin diskutierte man derweil die EEG-Reform. Von vornherein unrentable Anlagen sollten nicht mehr gefördert werden. Nach und nach gingen die Planungen weg von den achtzehn Windrädern hin zu fünf. Um den Gesichtsverlust zu verringern, entdeckte man brütende Uhus. Anders als die Buchen wurden die adlergroßen Eulen nicht aus dem Weg geräumt. Vielmehr boten sie mit ihrem scheckigen Gefieder das Deckmäntelchen, unter dem man sich aus der Affäre zu ziehen trachtete.

Es folgte die Lähmungsphase, mit der auf die Gesetzesänderung in Berlin gewartet wurde und in der eigentlich nicht mehr viel passierte. Offiziell existierten die Planungen noch, aber mehr als banges Hoffen war nicht drin. Als am 7. Juni 2016 Wirtschaftsminister Sigmar Gabriel in einem vermeintlichen Anfall von staatsmännischem Verantwortungsbewusstsein das Gesetz unterzeichnete, mit welchem dem schlimmsten Wildwuchs ein Ende gesetzt wurde, tat er dies mutmaßlich nicht, um der Natur zu helfen, sondern um seinen Freunden aus der Fossillobby zu Diensten zu sein. Man hatte erreicht, dass Umweltschützer aufatmen, weil keine EE errichtet werden. Am selben Tag traf sich der Rat der Verbandsgemeinde Unkel und entschied, aus dem Projekt auszuscheiden. – Exitus. Die Messergebnisse des Messmastes stufte man als geheim ein und hält sie bis zum heutigen Tag unter Verschluss.

Denken wir bei solchen Zuständen an die Tausenden von Windrädern, die vielerorts unter extremer Biegung der Rechtslage, ohne wirkliche Rücksicht auf Natur, Landschaftsbild und Mitmenschen errichtet wurden und werden. Diese Anlagen wurden lange, obwohl genug Wind wehte, systematisch abgeregelt, weil die Speicherung ihrer Energie in Form von Wasserstoff durch eine absurde Preispolitik seitens der Politik unwirtschaftlich gemacht wurde. Hier wartet noch viel Arbeit auf die Gesetzgeber! Wer jemals auf der Autobahn unterwegs war, kennt das Bild: Einige Rotoren stehen seltsam still, während andere sich munter drehen in der frischen Brise. Nun wissen wir, warum das so ist. Windkraft eignet sich prima, um für Stunk zu sorgen. Genau deshalb scheint sie bei den Scheinheiligen aus dem Energiesektor so beliebt zu sein. Mit Solar sieht die Sache ganz anders aus – vor allem dort, wo sie sie auf bereits bestehende Baustrukturen aufgesattelt wird. Wäre es all den Klimarettern in der Politik und der Wirtschaft ernst mit ihrem Gerede von der Energiewende, hätten wir längst auf jedem Dach, auf jeder Hochhausfassade, auf jeder Brücke Solarpanelen. Sicherlich, die Sonne hat den Nachteil, dass sie nachts nicht scheint und bei Bewölkung weniger Energie liefert als bei Kaiserwetter. Hier ist der Wind sicherlich überlegen. Aber diese Nachteile lassen sich durch Wasserstoffspeicherung abfedern. Experten haben errechnet, dass eine Solar-Überdachung unserer Autobahnen – immerhin rund 13 000 Straßen-Kilometer – etwa ein Drittel des Strombedarfs Deutschlands decken könnte. Was erst einmal ziemlich teuer klingt, birgt straßenbaulich aber auch gewaltiges Einsparpotential. Durch den Wegfall von Sonneneinstrahlung, von Regen, Schnee und Eis wäre der Straßenbelag von wesentlichen Erosionsfaktoren befreit. Autofahren wäre viel sicherer, ohne Schneeglätte, Aquaplaning und Glatteis. Auf Räumfahrzeuge könnte verzichtet werden. Entsprechende Pilotprojekte sind vom Fraunhofer Institut längst angedacht. Im Nachbarland Schweiz gibt es bereits konkrete Planungen.[2] Wieso zögert Deutschland mit der Umsetzung dieser genialen Idee? In Form von Wasserstoff veredelt könnte der Sonnenstrom direkt dort vertankt werden, wo er sowohl produziert als auch verbraucht wird. Als es in der Vergangenheit anfing ernst zu werden mit der Solarenergie in Deutschland, hatte die Regierung unter ihrem damaligen CDU-Wirtschaftsminister Peter Altmaier nichts Eiligeres zu tun, als sie zu erwürgen. Dabei gingen seit 2012 nicht nur zigtausende von Arbeitsplätzen verloren. Deutschland verlor in diesem Drama auch seine globale Führungsposition in dieser Industrie, die im Anschluss dankend von China übernommen wurde. Diese offensichtliche Sabotagepolitik führt sich wie ein roter Faden durch die angebliche Energiewende. Bis heute hat sich, allen Lippenbekenntnissen zum Trotz, nicht viel an ihr geändert. Der Energiekrieg mit Russland zeigt, wie dringend schnelle Veränderungen erforderlich sind.

Gas geben mit Wasserstoff

»Keine Schraube hätte ich anders gemacht.«

Ferdinand Porsche

Der Mensch ist von seiner Natur her ein Nomade. Entweder bleibt er an einem Ort, bis die Gegend leer gejagt ist, und zieht dann weiter, oder er folgt den großen Tierherden bei ihren Wanderungen. So kann er stets ausreichend Fleisch aufs Feuer legen. Auch der Entwicklung des Handels kam der natürliche Wandertrieb der menschlichen Spezies zugute. Mein Freund Greg aus dem Volk der Secwépemc, das im kanadischen British Columbia siedelt, beschenkte mich einmal mit mehreren Coho-Lachsen. Bei der Gelegenheit erzählte er mir von seinen Vorfahren, die regelmäßig zu Fuß über die Rocky Mountains zogen, um mit den Völkern der Prärie getrockneten Lachs gegen Büffel-Produkte zu tauschen. Diese Zeit, als andernorts bereits in Dampfmaschinen grollend der Beginn des großen Weltenfeuers gelegt wurde, liegt in Nordamerika erst drei oder vier Generationen zurück.

Reisen berührt uns emotional. Wir folgen einem uralten Trieb, der uns sagt: Nur wenn du dich bewegst, kannst du überleben. Seit den Tagen der Dampfmaschine befeuert *Homo industrialis* diesen Urtrieb mit ungezählten Tonnen an Kohle und Erdöl. Das erste autoähnliche Gebilde indes, das der Mensch ersann, fuhr mit Wasserstoff. Ersonnen hat es 1860 Étienne Lenoir (1822–1900), ein Erfinder aus dem Großherzogtum Luxemburg. Er benannte es liebevoll *Hippomobile.* Das Fuhrgerät hatte große Ähnlichkeit mit einer Kutsche und stellte den Wasserstoff, mit dem sein Einzylinderzweitaktmotor betrieben wurde, während der Fahrt per Elektrolyse selbst her. 1863 bewältigte Lenoir auf seinem *Hippomobile* im Zuge einer Testfahrt die neun Kilometer Strecke zwischen Paris und Joinville-le-Point. Er verbreitete Angst und Schrecken unter den Passanten und erreichte eine Durchschnittsgeschwindigkeit von atemberaubenden drei Stundenkilometern.

Der allererste Explosionsmotor, der bereits 1807 von dem Schweizer Isaac de Rivaz (1752–1828) zum Patent angemeldet wurde, fuhr mit einem Wasserstoff-Kohlegas-Luft-Gemisch. Rivaz trieb damit einen Handkarren an. Die Zündungen, mit denen der Kolben im Zylinder nach oben geschleudert wurde, erfolgten durch einen elektrischen Funken. Bei Versuchen mit dem Handkarren gelang ihm 1813 eine Serie von 25 Zündungen, die alle einzeln von Hand erfolgten. Gas geben, zünden, bumm. Sie brachten ihn auf einer Strecke von 26 Metern auf ebenfalls sagenhafte 3 km/h! Auf die Idee, einen Kolben mittels einer Explosion in einer Röhre auf Touren zu bringen, brachten Rivaz seine Experimente mit Pistolen.

Der Wasserstoffverbrennungsmotor existiert also noch länger als die Brennstoffzelle. Er funktioniert nicht viel anders als ein Motor, der mit Benzin oder Diesel angetrieben wird. Nur dass bei ihm eine Knallgasreaktion die Kolben treibt. Sein Wirkungsgrad liegt irgendwo im Bereich zwischen dem eines Otto-Motors und dem eines Diesels. Bei der Explosion des Wasserstoff-Luft-Gemischs entsteht, anders als bei der Brennstoffzelle, allerdings außer Wasser auch noch das gesundheitsschädliche Stickoxid. Dies liegt an den hohen Temperaturen, mit denen die Knallgasreaktion stattfindet. Sie bewirken, dass auch Stickstoffmoleküle (N_2) mit den Sauerstoffmolekülen (O_2) verschiedene Verbindungen eingehen. Eine davon ist Stickstoffmonoxid.

$$N_2 + O_2 \rightarrow 2NO$$

Es gibt auch Stickstoffdioxid (NO_2) und sogar N_2O_3 und N2O4. Hier muss man sich in Erinnerung rufen, dass bei normalen Druckverhältnissen etwa 78 Prozent der Luft, die wir mit jedem Atemzug in unsere Lungen ziehen, aus N_2-Molekülen bestehen. Der Begriff Stickoxid, der eine Zeitlang das Vehikel bildete, mit dem die Regierung Merkel unter Benutzung der Deutschen Umwelthilfe die Diesel aus den Innenstädten verbannen wollte, um den Elektroautos zu reellen Marktchancen zu verhelfen, ist demnach ein Oberbegriff für mehrere unterschiedliche Gase. Stickoxidbildung ließe sich vermeiden, wenn man den Wasserstoff mit reinem Sauerstoff in den Zylinder gibt. Dies würde allerdings zwei Tanks erforderlich machen. Bei BMW gab es Versuche, das Problem durch eine superschnelle Motorsteuerung zu überwinden. Die Stickoxidreaktion findet nämlich nur in einem bestimmten Temperaturspektrum statt. Ab einer gewissen Temperatur läuft der Motor so heiß, dass praktisch nur noch Wasser bei der Verbrennung entsteht.

Ein weiteres Problem ist die Schmierung. Beim herkömmlichen Verbrennungsmotor erfolgt sie unter anderem durch die sich im Kraftstoff befindenden Kohlenstoffanteile. Die fallen bei einem reinen Wasserstoffantrieb weg. Damit nicht Metall auf Metall reibt, ist die Lösung, entweder doch ein wenig Schmieröl einzusetzen, was allerdings wiederum zu einem, wenn auch geringen, CO_2-Ausstoß führt, oder den Motor aus Keramik zu bauen. Letzterer Werkstoff hat das Problem der Sprödigkeit.

Reden wir über Autos. Laut dem Statistik-Portal *Statista* waren sie in 2018 für rund 18,1 Prozent des weltweiten CO_2-Ausstoßes verantwortlich.[1] Zum Vergleich: Beim Flugverkehr waren es im selben Jahr 2,69 Prozent und beim Schiffsverkehr 2,52 Prozent.

Bei der Internationalen Automobilausstellung IAA präsentierte BMW 1979 unter dem Eindruck der Ölkrise einen Wagen aus der 5er-Reihe mit eingebautem Vierzylinder-H_2-Verbrennungsmotor. In seinem Tank befand sich auf -250 °C heruntergekühlter Wasserstoff. Dieser Tank barg mehrere Nachteile. Er war äußerst schwer, füllte fast den kompletten Kofferraum aus und war nach ein paar Tagen leer, auch wenn der 520er ungenutzt in der Garage stand. Bei steigenden Tanktemperaturen stieg nämlich auch der Druck, so dass der Treibstoff via Überdruckventil in die Atmosphäre entlassen werden musste. Genau wie heute beim Energetischen Nachbarschaftsviertel in Oldenburg hatten auch hier unsere Astronauten die Finger im Spiel. Von vornherein war die Deutsche Versuchsanstalt für Luft- und Raumfahrt an den BMW-Projekten beteiligt. Ab Mitte der 1980er-Jahre ging der Konzern dann eigenständig seinen Weg in der Forschung und wählte für seine Prototypen stets ein Modell aus der 7er-Reihe. 1987 etwa erreichte der 735 iA mit einem Sechszylinder-Motor eine Reichweite von 300 Kilometern bei einer Leistung von rund 190 PS. Die Entwicklung ging weiter über das futuristische Rennungetüm H_2-Race bis zu einer in einer Kleinserie von hundert Stück gebauten Limousine, die neben dem H_2-Tank auch noch einen Benzintank hatte und unter anderem den Hollywoodgrößen Angelina Jolie und Brad Pitt als fahrbarer Untersatz diente, als die beiden noch ein Paar waren und irgendwie die Welt besser machen wollten. Dieses Auto kam 2006 auf den Markt für spezielle Kunden. Ein Jahr später entschied die kalifornische Regierungskommission *Californian Air Resources Board* (CARB), die H_2-Verbrenner *nicht* als »Zero Emission Vehicle« einzustufen, und zwar wegen des oben erwähnten

Schmiermittels Öl, das mit verbrennt und ohne das ein Verbrenner einfach nicht funktioniert. Das war das Aus für die Pläne von BMW. Das Risiko, dass den Kaliforniern andere Bundesstaaten folgen würden, war zu hoch und der amerikanische Markt zu wichtig. So schlugen die Bayern ihre Entwicklungsmillionen schweren Herzens in den Wind und zogen sich aus dem Projekt H_2-Verbrenner zurück. Sie haben sich an ihm im wahrsten Sinne des Wortes die Finger verbrannt.

Dennoch ist der Wasserstoffverbrenner noch immer nicht ganz vom Tisch. Man darf nicht vergessen, wie viele Arbeitsplätze an den Verbrennungsmotoren hängen. Ein Elektromotor ist nicht sonderlich kompliziert aufgebaut, fast unkaputtbar und kommt im Prinzip komplett ohne Stahl aus. Gleiches gilt für eine Brennstoffzelle.

»Bestehen Motor und Getriebe bei einem konventionellen PKW aus rund 1400 Teilen, so sind es bei einem Elektromotor samt Getriebe nicht mehr als rund 200. Kein Verbrennungsmotor, das bedeutet … konkret: keine Motorblöcke, keine Zylinderköpfe, keine Kolben, keine Krümmer und keine Abgaskrümmer. Die Stahlfraktion verliert geschmiedete Kurbelwellen, Nockenwellen, aufwändige Schaltgetriebe.«[2]

Diese bemerkenswerte Passage fand ich in einem Fachartikel der Messe Düsseldorf anlässlich einer Gemeinschaftsmesse von vier verschiedenen stahlverbrauchenden Industrien. Manche sehen im Wasserstoffverbrennungsmotor die Chance zu verhindern, dass ein Heer von Stahl- und Aluminiumkochern, Gießern und Monteuren bis hin zu unserem Mechaniker um die Ecke aus Mangel an Arbeit auf der Straße landen.

Eines der Start-ups, die auf eine Zukunft eines Verbrenners setzen, der mit H_2 angetrieben wird, ist die *KEYOU GmbH* aus München. Geschäftsführer Thomas Korn zeigt mit Langhaarmähne vor laufender Kamera, wie er einen Lkw-Dieselmotor einfach umrüstet auf H_2. Auf seiner Website stellt er die Rechnung auf, dass allein in Deutschland heute schon die Menge von 2 162 000 Tonnen H_2 »aus Überschussstrom aus Wind-, Biogas- und Sonnenkraftanlagen sowie als Nebenprodukt der Industrie potenziell zur Verfügung steht«[3]. Damit könne man 400 000 Fahrzeuge antreiben und der Welt eine jährliche Minderung des Treibhausgasausstoßes von 25 000 000 Tonnen CO_2 bescheren. Ob seine Zahlen stimmen, sei dahingestellt. Ganz aus der Luft gegriffen sind sie wahrscheinlich nicht. Im Interview tut er die Meinung kund, dass die H_2-Speichertechnologie derjenigen der Batterie um Jahrzehnte voraus sei. In diesem Punkt hat der gute Mann sicherlich recht. Was die Zukunft seiner Technologie angeht hingegen, war ich mir anfangs nicht so sicher. Ich sah in ihr höchstens die Chance einer Übergangslösung. Aber tatsächlich gibt es eine Reihe von Vorteilen, die der Wasserstoffverbrenner gegenüber der Brennstoffzelle hat.

Er ist relativ preiswert, sehr robust, baut auf jahrzehntelange Ingenieurserfahrung und eine vorhandene Infrastruktur auf, besteht im Wesentlichen aus den massenhaft verfügbaren Metallen Stahl und Aluminium und erreicht eine deutlich höhere Lebensdauer als eine Brennstoffzelle heutiger Bauart.[4] So sind bei der Brennstoffzelle rund 5 000 Betriebsstunden drin, während ein H_2-Verbrenner auf 25 000 bis 30 000 kommt. Gerade im Schwerlastverkehr ist das ein nicht zu vernachlässigender Kostenfaktor. Kein Wunder also, dass die Motorenwerke Deutz sich für die Technologie interessieren. Mit dem TCG 7.8 H_2 brachten sie im August 2021 ihren ersten Wasserstoffverbrenner auf den Markt – mit Keyou-Technologie ausgestattet. Er soll erst einmal stationär eingesetzt werden, als Generator zur Stromproduktion. Thomas Korn hat sich den langen Haarschopf abgeschnitten und präsentiert sich nun mit gepflegter, mittlerweile weißer Kurzhaarfrisur. Aus dem Start-up hat sich ein aufstrebendes Technologieunternehmen entwickelt. Wer die Website des Unternehmens besucht, bekommt erstaunliche Informationen serviert. So ist der H_2-Verbrenner in Sachen Effizienz seinen fossilen Gegenspielern tatsächlich um einiges überlegen. Hierzu Keyou:

»Der Verbrennungsmotor kann mit den Brenneigenschaften von Wasserstoff auf ein ›neues‹ Niveau gehoben werden. Mit Forschungsmotoren wurden bereits effektive Wirkungsgrade von 50 % an der Kurbelwelle erzielt. Aufgrund der Vorteile in der Magerverbrennung (6-fache laminare Brenngeschwindigkeit im Vergleich zu Ottokraftstoffgemischen) und den weiten Zündgrenzen von Wasserstoff in Luft kann zudem ein höchst effizienter Teillastbetrieb erreicht werden. Die Vorteile: Im Fahrbetrieb lassen sich deutliche Verbrauchsvorteile gegenüber konventionellen Verbrennungsmotoren erzielen.«[5]

Durch Hon- und Superfinish-Technologien ist es gelungen, die problematische Schmierölverbrennung auf ein Minimum zu reduzieren. Auch Stickoxide hat man weitgehend in den Griff bekommen. Zudem ist der H_2-Verbrenner geräuscharm.

Wasserstoff in Autotanks jedenfalls bleibt spannend. So spannend, dass ich mich zu einer Reise nach Bayern entschloss. Ich hätte genauso gut nach Baden-Württemberg zu Mercedes fahren können. Auch dort laboriert man seit vielen Jahren an dem Thema herum, aus Angst, den Anschluss zu verpassen, wenn eines Tages das »schwarze Gold« Erdöl aus der Mode kommen wird. Aber erstens lebt in München ein lieber Vetter von mir, den ich seit dem Begräbnis unseres Opas, also seit ungefähr einem Vierteljahrhundert, nicht gesehen habe, und zweitens waren die pfiffigen Schwaben nicht pfiffig genug, auf meine Kontaktversuche zu reagieren. Unterwegs auf der Autobahn A3 habe ich Gelegenheit, die Entwicklung der konkurrierenden neuen Tankmöglichkeiten zu bestaunen. Im Westerwald parke ich für eine Pinkelpause vor einer Elektrosäule. Wie es sich für eine Outlaw-Gegend gehört, hatte irgendwer sie gerammt, so dass sie schief auf ihrem Sockel stand und außer Betrieb war. In Bayern fällt mir im Vorbeifahren am Autohof Geiselwind eine hohe, weiße Säule auf. Ich setze den Blinker. Tatsächlich stoße ich eher zufällig auf Deutschlands erste, direkt an einer Autobahn gelegene H_2-Tankstelle. Seit dem 4. Mai 2015 ist das Gemeinschaftsprojekt von Daimler, Linde und Total in Betrieb. An diesem Tag hielt Staatsministerin Dorothee Bär von der CSU mit breitem Grinsen die H_2-Zapfpistole in die Kameras der Reporter. Neugierig bestaune ich die Anlage von allen Seiten. Sie riecht förmlich nach Hightech. Zapfsäule und -pistole sind so ziemlich das Einzige, was noch halbwegs normal nach Tankstelle aussieht. Der hohe weiße Tank mit dem Flüssigwasserstoff LH_2 ist vakuumisoliert. Er dockt an ein metallenes Maschinenhäuschen an, in welchem der LH_2 zu Druckwasserstoff gewandelt wird. Oben auf dem Tank ist eine Art Schornstein angebracht. Auch eine Vakuumisolation kann die allmähliche Erwärmung des 253 °C kalten Stoffs nicht komplett verhindern. Bei steigendem Druck entweicht der überschüssige H_2 über ein Ventil aus ebendiesem Schornstein. Das Ganze ist mit einem hohen Zaun und schweren Pollern gesichert und lässt sich nicht einfach so umfahren wie das bedauernswerte Opfer der Westerwald-Rowdies, die E-Zapfsäule.

Ich gehe hinein und schwätze ein wenig mit dem Tankwart. Im Schnitt kommt einmal am Tag ein Wasserstoffauto und tankt, erzählt er. Manchmal kommt eine ganze Woche lang kein einziges und dann wieder mehrere kurz hintereinander. Einmal sei eine ganze Rallye vorbeigekommen. Über dreißig Fahrzeuge an einem einzigen Tag seien es gewesen auf dem Weg nach Norwegen, das mit der Wasserkraft seiner vielen Flüsse das vermeintliche Mekka des Ökostroms darstellt. Ich überprüfe das. Auf der Webpage von Shell werde ich fündig. Eine Hydrogen-Rallye mit sechs Teams fand im Herbst 2017 statt, eine zweite kurz darauf mit bereits zwanzig Teams im April 2018. Ziel war es, innerhalb von 24 Stunden »so viele Kilometer wie möglich, mit Zwischenstopps an so vielen Wasserstoff-Tankstellen wie möglich und durch insgesamt so viele Länder wie möglich zurückzulegen«. Angesteuert wurden Tankstellen in Deutschland, den Niederlanden, Belgien, Österreich, Frankreich, Schweiz, Dänemark, Schweden und Norwegen. Die Rallye wird von H_2-Mobility unterstützt, jenem lockeren Kartell, zu dem »sich Shell, Daimler, Linde, Air Liquide, Total und OMV zusammengefunden (haben), um ein deutschlandweites Netzwerk von Wasserstoff-Tankstellen zu errichten«.

Shell berichtet von 20 Teams, der Tankwart erzählte von über 30 Fahrzeugen. Hat er übertrieben oder Shell untertrieben, oder gab es Teams mit mehr als einem Fahrzeug? – Ich finde es nicht heraus. Aber bereits 2009 fuhr seine Königliche Hoheit Kronprinz Haakon von Norwegen einen Ford Focus mit Brennstoffzelle durch die erste Etappe einer *Zero Emission Rallye*. Adel verpflichtet. Mittlerweile (Stand

Juli 2022) existieren in Deutschland 96 dieser Tankstellen.[6] Man arbeitet intensiv daran, das sogenannte Henne-Ei-Problem zu lösen. Solange es keine Tankstellen gibt, schafft niemand sich ein Wasserstoffauto an. Ohne H_2-Autos investiert niemand in die entsprechenden Tankstellen. Das ändert sich gerade. Dennoch sieht es danach aus, als würde Deutschland anderswo der Schneid abgekauft. In China etwa, wo bereits mehr als 6000 H_2-Fahrzeuge – vor allem im Bus- und Transportsektor – auf den Straßen rollen, existieren bereits 250 solcher Tankstellen. Im Rahmen des 14. Fünfjahresplans soll diese Zahl auf 1000 steigen. In München angekommen, feiern mein Cousin und ich unser Wiedersehen über einem Stück Pizza und einem Glas Rotwein beim Italiener. Früh am Morgen springe ich in die U-Bahn und fahre hinaus nach Garching, wo ich im »Parkring Zentrum für Forschung, Neue Technologien und Innovationen« mit Pressesprecher Niklas Drechsler verabredet bin. Der Mann ist ein Juwel. Er hat für mich ein Expertengespräch, einen Besuch in der Brennstoffzellenfertigung, eine Fahrt im Brennstoffzellenauto, ein Mittagessen und eine Führung im BMW-Museum zusammengestellt. Über einen Mangel an Programm kann ich also wahrlich nicht klagen. Ich steige von der U-Bahn aus und ein in eine schöne neue Welt, die Science-Fiction atmet. Schlanke, schöne, junge Menschen in eleganter Garderobe gehen zielstrebig zwischen modernen Gebäudekomplexen ihren Weg. Es gibt junge Bäume und einen künstlichen See. In Anspielung auf das Silicon Valley nennt Drechsler den Ort, der in kürzester Zeit auf der sprichwörtlichen grünen Wiese in die Höhe gezogen wurde, »Garching Valley«.

Wir passieren die Sicherheitsschleusen, wo uns Erkennungsmarken ans Revers geheftet werden, und treffen in einem Raum, der nach Jules Vernes benannt ist, auf BMWs Wasserstoffmann, Axel Rücker. Der kernige Alpenmensch begrüßt mich mit vielen komplexen Tabellen und Modellrechnungen rund um die Themen EE und H_2. Vieles basiert auf Zahlen des Fraunhofer Instituts, dem eine Nähe zum Bundesnachrichtendienst (BND) nachgesagt wird. Die Schlapphüte sitzen natürlich mit am Tisch, wenn es um die Energiewende geht. Zwei Billionen Euro, das sind unfassbare Zweitausend Milliarden, soll der Umbau auf die Ewigen Energien bis 2050 verschlingen. Wobei auf der anderen Seite im selben Zeitraum eine Billion durch nicht verbrauchte fossile Energieträger eingespart werden könnte.

»Das Herz eines jeden Ökonomen macht Freudensprünge bei solchen Zahlen«, sagt Rücker.

Der Import von »grünem« Wasserstoff aus Norwegen und Marokko wird als Chance gesehen, den internationalen Energiehandel aufrechtzuerhalten.

»Ja«, entgegne ich, »aber wenn wir den Saudis nicht mehr ihr Öl abkaufen, dann kaufen die nicht mehr unsere Panzer …«

»Unsere *Autos*! Herr Koch, dann kaufen die nicht mehr unsere *Autos*«, verbessert er mich.

Ich werde das Gefühl nicht los, dass Wasserstoffexperte Rücker in seinem Unternehmen immer noch mit dem Rücken zur Wand steht. Das H_2-Programm, das der Konzern lange als Versicherung für die Zukunft verfolgte, ist durch die Hochvoltbatterien in Bedrängnis geraten. Im Einklang mit der lobbygesteuerten Regierung setzt BMW auf eine Strategie, die ich mit folgendem Auszug aus *Ingolstadt-Today* kommentieren möchte:

»›Es geht weder um die Umwelt noch um die Kunden.‹ Warum Hersteller wie Audi, BMW und andere derzeit Milliarden in die neue Technologie investieren, liege ganz woanders. Zum einen lassen sich Milliarden an EU-Fördergeldern kassieren. Daneben bewahren E-Autos die großen Hersteller vor Strafzahlungen wegen Nichterreichens der europäischen Klimavorgaben, da sie mit angeblichen Zero-Emissionsmodellen den Flottenmix nach unten drücken. Es geht selbstredend auch um das Markenimage, um ein grünes Mäntelchen und um Technologiekontrolle. ›Man baue die E-Autos im Wissen, dass sie alles andere als die automobile Zukunft seien.‹ ›Es zu machen ist billiger, als es nicht zu machen, hat mir mal ein Automanager gesagt, es ist sinnlos, aber es kostet weniger.‹«[7]

Interviewpartner war Professor Jörg Wellnitz von der Technischen Hochschule Ingolstadt. So kommt es auch nicht von ungefähr, dass Pressesprecher Drechsler beim Thema Hochvoltbatterie in ein gekünsteltes Schwärmen verfällt, während sich bei Rücker bedeutungsvolles Schweigen zu dem Thema bemerkbar macht. Werfen wir doch an dieser Stelle einen Blick auf eine Technologie, die in direkter Konkurrenz zur Brennstoffzelle steht.

Die Produktion der Rohstoffe Kobalt und Lithium sorgt für verheerende Umweltschäden und menschenverachtende Arbeitsbedingungen. Um den Deckel auf den Kosten zu halten, wird bei der Kobaltsuche im Kongo im großen Maßstab auf Kinderarbeit gesetzt. In der chilenischen Atacama-Wüste hingegen wird Grundwasser in Verdunstungsbecken gepumpt, um an das in ihm enthaltene Lithium zu gelangen. Man braucht kein Geologe zu sein, um sich auszumalen, was ein solcher Raubbau am Wasser im Ökosystem einer sowieso schon extrem trockenen Wüste anrichtet. Der Grundwasserspiegel sinkt rapide, Flüsse trocknen aus, Bauern verlieren ihre Existenzgrundlage, der Andenflamingo stirbt aus et cetera. Auch ist die Verfügbarkeit der seltenen Stoffe in keiner Weise dergestalt, dass sie ausreichen würde, die weltweite Autoflotte mit Akkus auszustatten. Die heutige Weltproduktion von Kobalt liegt bei 123 000 Tonnen. Allein der VW-Konzern bräuchte aber 130 000 Tonnen für seine E-Auto-Produktion, so Wellnitz weiter in einem Interview.[8]

»Bis die Batterie für Tesla beispielsweise gebaut ist, könnte man acht Jahre lang mit einem Verbrennungsmotor fahren, um die gleiche Umweltbelastung zu erzielen.«

Wie erbittert wegen der mangelhaften Verfügbarkeit der Rohstoffe für die Batterieproduktion hinter den Kulissen gekämpft wird, zeigte sich exemplarisch bei dem Staatsstreich in Bolivien von 2019, in dessen Zuge der gewählte Präsident Evo Morales aus dem Weg geräumt wurde. Ein Tweet von Elon Musk zu dem Ereignis lautete: »We coup whoever we want.« (Wir putschen weg, wen immer wir wollen.)

E-Autos werden zudem vorwiegend nachts betankt. Tagsüber müssen ihre Besitzer schließlich arbeiten. Nachts scheint aber leider keine Sonne. Hochvoltspeicher in Autos fallen als Speicher für Solarstrom also schon mal halbwegs flach. Stattdessen wird im großen Maßstab Kohlestrom in sie hineingepumpt. Außerdem sind sie schwer. Pro Kilogramm Gewicht liefert ein Auto-Akku gerade einmal 100 Wattstunden. Zum Vergleich: Bei Benzin sind es 12 000 Wattstunden, und ein Kilo Wasserstoff liefert 33 000 Wattstunden. Umweltschutz und echter Fortschritt sehen gänzlich anders aus. Das ist wohl auch der Grund, warum Axel Rücker und mit ihm die anderen Wasserstoffenthusiasten bei BMW erst einmal auf ihren Posten bleiben dürfen. Je länger mein Tag sich hinzieht, desto mehr erlebe ich die Autobauer als extrem verunsichert. Man steckt Milliarden in eine schlechte Technik, um das Spiel der Fossilkartelle mitzuspielen. Es ist alles andere als sicher, ob der Verbraucher dieses Spiel mitspielen wird. Wie beispielsweise ist es um all die Fahrer bestellt, die über keine eigene Garage verfügen und ihr Auto am Straßenrand parken? Wie will man die mit Strom versorgen? Sollen flächendeckend die Straßenparkplätze mit E-Zapfsäulen bestromt werden? – Völliger Irrsinn.

Rücker reicht eine Menge Zahlen dar. Ich staune über all die Zahlen. Man kann sie schwer überprüfen. Als bescheidener Autor ist es mir nicht gegeben, jedes Barrel des jährlich verbrauchten Schiffsdiesels oder jeden Liter des weltweit getankten Benzins auf die Goldwaage zu legen. Auch wenn ich selbst immer wieder mit allerhand Zahlen hantiere, bin ich höchst misstrauisch, denn diese Zahlen stammen allesamt aus dritter Hand. Während Rückers Tabellen und Diagramme in meinem Kopf herumwirbeln, schweifen meine Gedanken ab zu Professor Jörg Wellnitz, der als Inhaber des Lehrstuhls für Leichtbau in der Audi-Stadt Ingolstadt so gut Bescheid weiß um die Nachteile der Batterietechnik und der, obwohl er selbst ein überzeugter Jünger des Diesels ist, fest daran glaubt, dass die Zukunft den Wasserstoffautos gehört. Derselbe Professor behauptet, dass von den 330 existierenden Containerschiffen mit Übergröße allein 30 so viele Schadstoffe produzieren würden wie 750 Millionen Autos zusammen. Das deckt sich nicht mit den oben genannten Zahlen von Statista, die den Schiffsverkehr für weniger als drei Prozent des Kohlendioxidausstoßes verantwortlich machen. Okay, der Begriff Schadstoff ist nicht deckungsgleich mit Kohlendioxid. Aber wovon reden wir hier eigentlich? Auf einmal sitze ich an einem Tisch mit Geheimdiensten, Kartellen, Regierungen, Autokonzernen, Universitäten und gefährliche Armeen – und spiele als Mann des Wortes mit beim globalen Energiepoker. Eine Sache habe ich schon gelernt: Mit Wasserstoff hat man vier Asse im Ärmel und fällt auf Bluffs nicht rein.

Drechsler verweist darauf, dass die allermeisten Fahrten, gerade von Städtern, Kurzstreckenfahrten seien. Für die reiche ein Akku-Auto. Der Durchschnittsbürger unternehme im Jahr nur etwa vier Fahrten in den Urlaub oder sonst wohin, welche die Reichweite eines Benziners rechtfertigen würden. Da könne man ja dann einen Leihwagen nehmen. Wo aber bleibt da das Gefühl der Freiheit, frage ich mich, welches wir mit dem Besitz eines Autos verbinden? Wir wollen einfach jederzeit in der Lage sein, die kranke Oma in Buxtehude zu besuchen oder schnell mal an die Ostsee zu düsen. Ob wir davon wirklich Gebrauch machen, steht auf einem anderen Blatt. Womit wir wieder bei den Emotionen angelangt wären. Bei Autos geht es bekanntermaßen meist erst in zweiter Linie um Rationalität. Niemand weiß das besser als ein Autohersteller. Wie gesagt, die Verunsicherung der Branche war in diesen Tagen bei BMW mit Händen greifbar.

Wir verlassen das Jules-Verne-Zimmer und begeben uns eine Etage tiefer in das Brennstoffzellenlabor. Hier wartet Peter Eichinger auf uns in einer ansonsten leeren Halle vor einer Brennstoffzelle. Sie strotzt nur so vor wilden, bunten Schläuchen und Kabeln. Daneben steht eine andere, die schon eher dem nüchternen Geist eines Autoingenieurs entspricht. Sie ist eigentlich nur eine Kiste mit mehreren kantigen Ausbeulungen an den Seiten. Leider handelt es sich bei dieser Brennstoffzelle nur um ein Modell. Blickt man unter die Hülle, so sieht man, dass ihr sämtliche Technik fehlt. Aber so ungefähr stellt sich BMWs Wasserstoffteam das Design einer serienreifen Brennstoffzelle vor, bekomme ich erläutert. Weiter geht es ins Labor, wo das Herz der Brennstoffzelle, 400 Membranen, unter hohem Druck zu Stapeln zusammengepresst werden, die man neudeutsch *Stacks* nennt.

»Da ist sie, die *black magic*«, sagt Drechsler.

Ich darf eine Membran in die Hand nehmen. Sie ist leicht und elastisch und man darf sie nicht knicken, sonst bekommt man Ärger mit dem BMW-Personal. Das Aufeinanderlegen der Membranen ist eine so monotone Arbeit, dass man sie am besten Maschinen überlässt, lerne ich. Wird nämlich nur eine einzige falsch herum auf den Stapel gelegt, funktioniert die Brennstoffzelle nicht. Die Technik stammt von Toyota. Die Japaner geben die teuer entwickelte Technik an die Konkurrenz weiter: Sie handeln damit nicht uneigennützig, sondern vielmehr in der Hoffnung, gemeinsam mit den anderen die Wende hin zu diesem Antrieb zu stemmen.

Man schiebt mich nach draußen. Der Zeitplan ist eng getaktet. Auf dem Rondell vor dem Labor wartet bereits ein weißer 5er-BMW mit Dr. Timo Christ als Chauffeur. Er ist Projektingenieur und arbeitete damals an BMWs erster Kleinserie von Wasserstoffautos mit Brennstoffzellen-Antrieb. Heute, im Jahr 2022, wartet die Welt gespannt auf den X5-Hydrogen Next, dessen Produktion Ende dieses Jahres anlaufen soll. Das schwere SUV ist mit 374 PS und zwei 700-bar-Drucktanks ein prestigeträchtiger Kraftprotz für kilometerhungrige Vielfahrer. Ich darf einen Blick unter die Motorhaube werfen. Die Brennstoffzelle ist das exakte Ge-

genstück des wild verkabelten Exemplars aus der Halle. Rücker und Drechsler nehmen hinten Platz, ich bekomme den Beifahrersitz zugewiesen. Wir fahren los. Man hört kurz das Brummen eines Kompressors, der Luft in die Brennstoffzelle drückt, deren Sauerstoff dort mit dem Wasserstoff der Drucktanks zu Wasserdampf wird. 700 bar? Mein Mund wird ein wenig trocken bei dem Gedanken an die Hochdruckbombe unter unseren Hintern. Wie hoch ist die Wahrscheinlichkeit, frage ich mich, dass irgendwelche Agenten der Player im Fossilkartell nicht auf die Idee kommen, auf den Hindenburg-Effekt zu setzen, und eines Tages ein paar dieser Tanks in die Luft fliegen lassen? Die Urangst vor der Gefährlichkeit von H_2 wäre sicherlich ein guter Hebel, um die Wasserstoffgesellschaft weiter fort in die Zukunft zu schieben. Wer kennt nicht Murphy's Law? – »Shit that can happen, will happen!« Der Kompressor wird übrigens beim Anfahren von einer Batterie getrieben. Hier haben wir es also mit einer Verschmelzung der konkurrierenden Speichertechnologien zu tun. Wasserstoff und Sauerstoff werden mit circa 30 bar Druck in die Brennstoffzelle geleitet. Während die Luft komprimiert wird, muss der Druck des Wasserstoffs auf dem Weg vom Tank in die Brennstoffzelle reduziert werden.

Der Hochdrucktank aus modernsten Carbonfasern habe ein Sicherheitsventil, das den Tankinhalt bei einer Beschädigung kontrolliert freigebe, versichert man mir. Immerhin sei das Tanksystem für den Straßenverkehr zugelassen. Da der

E-Motor und die Brennstoffzelle frei von Vibrationen arbeiten, gleiten wir auf der Autobahn dahin wie auf einem fliegenden Teppich. Der Antrieb entwickelt ordentlich Zug. Wir steuern eine Tankstelle an, mit dem gleichen weißen, turmförmigen Gastank, den ein Schriftzug des Linde-Konzerns ziert, wie ich ihn schon in Geiselwind kennenlernen durfte. Ich darf die High-Tech-Zapfpistole bedienen und Wasserstoff in den Tank füllen. Es fühlt sich seltsam banal an.

Nach einem Mittagessen vom Asiaten in der Edelkantine am künstlichen See fährt Niklas Drechsler mich in die Münchner Innenstadt. Sein Dienstwagen ist heute ein Rennwagenbolide aus der 8er-Reihe, die sich angeblich ausgezeichnet in den arabischen Raum verkaufe. Ich erkenne in Drechsler eine Wandlung. Der Mann, der eben noch den einigermaßen technikbegeisterten Experten für emissionsfreie Fahrzeuge markierte, genießt es sichtlich, einen ordentlichen Verbrennungsmotor mit acht Zylindern steuern zu können. Seine Begeisterung kann er nicht verbergen. Das rostrote Ungetüm braucht von null auf hundert keine vier Sekunden. Dieses ist ein Auto nach seinem Geschmack. Der Elektrokram ist Schnickschnack dagegen.

»Wenn Sie den vernünftig fahren, ist der sogar einigermaßen sparsam. Da braucht er nur etwas mehr als zehn Liter.«

»Äh. Das Auto, mit dem ich gekommen bin, braucht aber nur fünf bis sechs Liter Diesel. Und das ist noch aus den Nullerjahren!«

»Ja. Aber das hat wahrscheinlich keine 530 PS.«

Damit hat er den Nagel auf den Kopf getroffen! Die Fahrt endet am »Vierzylinder«, dem im brutalistischen Stil mit ordentlich Beton errichteten BMW-Gebäude. Erbaut wurde das markante Hochhaus vom österreichischen Architekten Karl Schwanzer (1918–1975) in den Jahren 1968 bis 1973. Es steht in direkter Nachbarschaft zum Olympiagelände und hat die statische Besonderheit, dass die vier zylinderförmigen Turmelemente an Kragarmen hängen und nicht auf dem Boden ruhen. Neben dem Vierzylinder steht die nicht minder brutalistische »Museumsschüssel« von Schwanzer. Kurator Dr. Andreas Braun erwartet uns für eine Führung. Im Inneren der Museumsschüssel windet sich schneckenförmig seine Ausstellung nach oben. Es geht um Megastädte und Elektroautos. Auch sie haben bei BMW eine lange Geschichte, interessieren mich aber eigentlich gar nicht.

»Wo sind denn die Prototypen mit dem Wasserstoffverbrennungsmotor?«

Es gibt sie nicht. Das schmerzliche Kapitel Konzerngeschichte erfährt keinerlei museale Würdigung. Stattdessen führt man mich zu einem Versuchsfahrzeug mit Brennstoffzellenantrieb, das nur einmal gebaut wurde, den BMW i8 Skyfall. Der mattschwarze Schlitten fristet ein Nischendasein in einer Ecke zwischen jeder Menge Akku-Autos. Der Außenspiegel ist abgebrochen. Hier wird deutlich signalisiert: Man hat es im Programm, aber man liebt es nicht. Dr. Braun zieht mich rasch wieder von dem Wasserstoffauto fort und zeigt mir voll Stolz einen Kleinwagen, eine Elektroschaukel, eine mickrige Karre, die so gar nicht BMW ist. Da nützt es auch nichts, dass die hinteren Plätze zwei Selbstmördertüren bekommen haben. Die Karre trägt die Typenbezeichnung BMW i3.

»Wissen Sie, zu wie viel Prozent dieses Auto recycelt werden kann?«

»Ich habe keinen Schimmer.«

»Zu 99 Prozent.«

Man erwartet, dass ich beeindruckt bin. Doch ich bin enttäuscht. Hier wird eindeutig auf das falsche Pferd gesetzt. Da hilft es auch nichts, dass die Innenraumverkleidung und die Fußmatten aus Kenaf hergestellt werden, einer Faserpflanze aus der Familie der Malvengewächse. Deren Blätter haben die Form von Cannabis-Blättern, weshalb sie auch Hanf-Eibisch genannt wird. Das Kenaf wird aus Bangladesch geliefert, wofür BMW ein saftiges Minus in Sachen Nachhaltigkeit erhält.

»Wieso nimmt man nicht einfach richtigen Hanf aus Deutschland?«

»Also Herr Koch, das ist nun wirklich kein Greenwashing, was wir hier veranstalten.«

Den ganzen oberen Teil der Ausstellung nimmt das autonome Fahren ein. Die Fahrzeuge mit einer Vielzahl von Sensoren, welche während der Fahrt die Umgebung abtasten sollen, verärgern mich. Hier wird viel Hirnschmalz in technische Entwicklungen gesteckt, die meiner bescheidenen Meinung nach in ihrer Bedeutung weit hinter dem tatsächlich emissionsfreien Antrieb stehen.

Nachdem ich mich verabschiedet habe, streife ich durch den dämmrigen Olympiapark und sehe einer Mutter zu, die mit ihrem Kind die Schwäne mit Brot füttert. BMW scheint wild entschlossen, den technologischen Vorsprung vor dem Rest der Welt in einer Schlüsseltechnologie zu verspielen. Wer die aktuellen Entwicklungen in der Branche beobachtet, der weiß, dass diese Haltung stellvertretend für den gesamten Autostandort Deutschland steht.

Dieselkriminelle auf Abwegen

»Technologieoffenheit ist jetzt die falsche Parole.«

Herbert Diess, VW-Chef

»Unternehmenskartelle gelten seit spätestens der Nachkriegszeit ab 1945 als schädlich für die wirtschaftliche Entwicklung und das Gemeinwohl; mittlerweile sind sie wohl weltweit im Grundsatz verboten (Kartellrecht). Wirtschaftskartelle der Gegenwart sind somit entweder kriminell oder staatlich gewollte Ausnahmefälle oder bestimmte Krisenkartelle.«

Wikipedia

In diesem Buch geht es auch um Wirtschaftskartelle. Ich erwähne sie, als wäre ihre Existenz etwas ganz Selbstverständliches, an das man sich halt gewöhnen muss. Dabei ist das Gegenteil der Fall. In einem Kartell verschwören sich Unternehmen, die eigentlich in Konkurrenz zueinanderstehen. Sie schließen sich zusammen und versuchen über die Oligopolbildung die Herrschaft über die Märkte an sich zu ziehen. Wer es in dieser Disziplin versteht, sich die Politik unter den

Nagel zu reißen, ist auf der sicheren Seite. Nicht selten agieren Politiker und Kartellkriminelle in Personalunion. Meist dann, zum Beispiel, wenn gewählte Volksvertreter in den Aufsichtsräten der Konzerne tätig werden. Das Versagen der Aufsichtsbehörden konnte ich am eigenen Leib erfahren, als vor einigen Jahren mehrere Brauereikonzerne der illegalen Preisabsprache überführt wurden. Sie wurden zu einer Millionenstrafe »verknackt«. Das Erhellende an der Geschichte: Vor dem Urteil kostete mich ein Kasten Bier der einschlägigen Marken in unserem Getränkehandel unterschiedslos immer zehn Euro. Nach dem Urteil kostete er mich elf! Seitdem ist der Bierpreis durch Energiekrise und Inflation weiter gestiegen – wobei die Brauereikonzerne weiter ungeschminkt einheitlich agieren.

Der Verband der Deutschen Automobilindustrie (VDA), in dem über 600 Unternehmen (hauptsächlich Hersteller und Zulieferer) vertreten sind, ist der Rechtsform nach ein eingetragener Verein, der per Definition ein nicht-wirtschaftlicher Verein ist. Pressekollegen titulieren das bereits auf das Jahr 1901 zurückgehende Gebilde vornehm mit Lobbyverein. Wer hier ein Paradox sieht, der beginnt allmählich zu begreifen, wie schamlos die Autobranche ihre Kartellbildung betreibt. Letztes Beispiel ihrer kriminellen Gesinnung lieferten sie im Dieselskandal. Damals hat betrügerische Software dafür gesorgt, dass ein Fahrzeug auf dem Prüfstand bei Abgasmessungen die Rechtsnormen erfüllt, während es beim Straßenbetrieb die Atemluft von Mensch und Tier verpestet wie eh und je. Die Autos fahren halt nach wie vor nicht mit Wasserstoff, sondern mit Kohlenwasserstoff, was aus Erdöl hergestellt wird. Sonst würden die Saudis ja pleitegehen. Das wiederum hieße, dass sie keine 530-PS-Boliden mehr kauften. Gerade die aber lieben die ebenso selbstgefälligen wie narzisstischen Autobosse.

In den Iden des März 2019 verkündete der damalige VW-Chef Herbert Diess, aus dem VDA austreten zu wollen. Man durfte diese Ankündigung jedoch in keiner Weise als eine Umkehr zum Besseren, eine Abkehr von der Kriminalität, gar als Läuterung verstehen. Vielmehr wollte Diess sie als Drohung verstanden wissen. Die drohte er wahrzumachen, wenn die Konkurrenz BMW und Mercedes weiterhin an ihren Brennstoffzellen bastelten und nicht der Hochvolt-Batterie beim Aufbau der Elektromobilität, genau wie VW, absolute Exklusivität einräumten. Gleichzeitig gab der Mann bekannt, dass man plane, für die Produktion der Akku-Autos massive staatliche Fördermittel in Anspruch zu nehmen.

Harald Krüger, der damalige Chef von BMW, und sein schnauzbärtiger Gegenspieler, Daimler-Chef Dieter Zetsche geben halbherzige Widerworte. Dann gibt es eine 40 Minuten lange Telefonkonferenz der drei Autobosse. Die Nation soll aufatmen, als berichtet wird, dass sie sich geeinigt haben. Es soll nun nicht bloß das Akku-Auto, sondern auch der Hybrid (Akku plus Benzin oder Diesel) bevorzugt in Angriff genommen werden. Die Brennstoffzelle hingegen werde für zehn weitere Jahre »nicht marktfähig« sein. Deshalb werde die Förderung des Baus von Wasserstofftankstellen parallel zur Errichtung einer Elektrotankstelleninfrastruktur eingestellt. VW startet eine Offensive gegen die »Parole der Technologieoffenheit«, die sich explizit gegen die Brennstoffzelle richtet. So also stellen Dieselkriminelle sich die Erdenrettung vor.

Man darf bei dieser Geschichte einen Punkt nicht aus den Augen verlieren: Das Land Niedersachsen hält eine 20-prozentige Beteiligung an VW. Der deutsche Staat hat also seine Finger sehr direkt im Spiel. Doch nicht nur der; auch Katar, das unter Experten als einer der Hauptförderer des internationalen islamistischen Terrors gilt, hält stolze 17 Prozent am weltweit größten Autokonzern. – Die mit fossilen Energieträgern immens reich gewordenen Terror-Scheichs wollen natürlich weiter ihr Erdöl verkaufen und sitzen mit ihrer VW-Beteiligung an einem sehr guten Hebel, dass dies auch in Zukunft so weiter laufen kann. Allein aus dieser Überlegung heraus sollte man VWs Batterieautoabsichten äußerst skeptisch als eine Art Wasserstoffverhinderungsstrategie hinterfragen.

Es geht jedoch auch anders. Im Februar 2019, also ziemlich exakt einen Monat vor dem Vorpreschen des VW-Bosses, wurde die Einrichtung der Forschungsfabrik Hyfab bekannt gegeben, die seitdem das Steckenpferd der grün-schwarz geführten Landesregierung von Baden-Württemberg ist. Hier im Daimler-Land wird an automatisierten Fertigungs- und Qualitätssicherungsverfahren für *Fuel Cell Stacks* geforscht werden. Erklärtes Ziel ist die Industrialisierung der Brennstoffzellenfertigung. Die veranschlagten Kosten liegen bei 74 Millionen Euro. Die Landeswirtschaftsministerin Nicole Hoffmeister Kraut (CDU) und Umweltminister Untersteller (Grüne) steuerten aus Landesmitteln im Rahmen des Strategiedialogs Automobilwirtschaft Baden-Württemberg 18,5 Millionen Euro bei. Das Land erhofft sich nach wie vor Hilfe vom Bund. Verglichen mit den Geldern, die rund um die VW-Geschäfte fließen, sind das natürlich Peanuts. Immerhin ist es ein Anfang.

Die Laufzeit von Hyfab ist auf zehn Jahre ausgelegt. Zehn Jahre? Genau der Zeitraum also, den die Autobosse anpeilen, bis die Brennstoffzelle es zur »Marktreife« gebracht hat. An diesem Punkt ist der Maschinenbauer VAF schon einen Schritt weiter. Ganz ohne staatliche Förderung hat der Ingenieur Max Rettenmeier es vollbracht so eine vollautomatische Produktionsanlage zu ersinnen und marktfähig zu machen. Die Firma wirbt damit, »dass die Anlage (pro Jahr) rund 8 Gigawatt Brennstoffzellen-Stackleistung vollautomatisch produzieren und testen kann«.[1] Nicht jeder ist halt willens, aus irgendwelchen Strategiespielchen heraus den Aufsprung auf den Wasserstoffzug zu verpennen.

Man kann annehmen, dass zehn Jahre der Zeitraum war, den das Kartell haben wollte, um bei der Herstellung von umweltschädlichen, unpraktischen Akku-Autos so richtig auf ihre Kosten zu kommen. Die Kinderarbeiter im Kongo und die Kleinbauern in Chile mitsamt ihren Atacama-Flamingos müssen sehen, wie sie diesen Zeitraum überstehen –

noch ist er nicht vorüber und die E-Auto-Produktion läuft auf Hochtouren. Doch schon damals zeichnete sich ab, dass die wahre Entwicklung in eine andere Richtung weisen würde. Ausgerechnet Bram Schot, Chef der VW-Tochter Audi, gab am 7. März 2019 in einem Interview der *Stuttgarter Zeitung* zu Protokoll: »Die Brennstoffzelle kommt, und wir wollen dabei sein, wenn dieser Markt anzieht.« Wohlgemerkt sprach er diesen Satz eine Woche vor der Mob-Attacke der Kollegen Diess, Zetsche und Krüger. Jenem kaum verhohlenen Frontalangriff eines kriminellen Industriekartells, mit dem man Deutschlands Steuerzahler, ob sie nun Akku-Autos fahren möchten oder nicht, in die Zange genommen hat.

Hambi und die Hybris

»Das Wasser ist die Kohle der Zukunft. Die Energie von morgen ist Wasser, das durch elektrischen Strom zerlegt worden ist. Die so zerlegten Elemente des Wassers, Wasserstoff und Sauerstoff, werden auf unabsehbare Zeit hinaus die Energieversorgung der Erde sichern.«

Jules Verne: Die geheimnisvolle Insel (1874)

Mich ergriff Ende der 2010er-Jahre eine gewisse Fassungslosigkeit, als ich auf der einen Seite all die gewaltigen technischen und wirtschaftlichen Fortschritte in Sachen Wasserstoff betrachtete und mir auf der anderen Seite die Nachrichtenlage rund um die Themen Klimakatastrophe und Energiewende ansah. Während die ausgebrannte Ex-Kanzlerin Angela Merkel – ihrer herzlosen Politik zum Trotz von vielen bloß »Mutti« genannt – damals einer betrügerischen Dieselindustrie den Rücken deckte und gleichzeitig unser Land immer tiefer in die energiepolitische Abhängigkeit von Russland führte, hetzte der damalige, ihr in devoter Fußfälligkeit zugetane, NRW-Landesvater Armin Laschet die Bluthunde der Polizei mit gezückten Knüppeln auf die Kohlegegner im Hambacher Forst.[1] Es gab Verletzte und einen toten Journalisten. Steffen Meyn stürzte von einer Hängebrücke in den Tod, nachdem die Baumhausbesetzer nächtelang von der Polizei mit Wagners »Ritt der Walküren« und Strobolicht, das im Verdacht steht, epileptische Anfälle auslösen zu können, zermürbt worden waren. Der Deutsche Wasserstoff- und Brennstoffzellen-Verband e. V. (DWF) lieferte damals schon wesentlich konstruktivere Vorschläge, wie die Braunkohle abgewickelt werden könnte, ohne den sozialen Frieden zu gefährden. Verbandsvorsitzender Werner Diwald hat errechnet, dass die circa 70 000 Arbeitsplätze rund um das Thema Kohle durch ebendiese Zahl ersetzt werden würden, sobald sich Deutschland endlich zielstrebig an den großflächigen Bau von Brennstoffzellen und eine dementsprechende Gewinnung von Grünem Wasserstoff mache. In einem Schreiben forderte er, diese Industrien gezielt in den vormaligen Kohlerevieren anzusiedeln. Bei aller Hysterie rund um die sogenannte Kohlekommission (offiziell: Kommission für Wachstum, Strukturwandel und Beschäftigung), die 2019 ihren in jeder Hinsicht enttäuschenden Abschlussbericht vorlegte, berichtete lediglich die Fachpresse über diesen spannenden Vorschlag. So funktioniert Totschweigen.

Stattdessen ließen Beamte und Politiker die Presse irgendwelche Fantasien wie die sprichwörtliche Sau »durch das Dorf jagen«, in denen Bundesbehörden in die entsprechenden Gebiete umgesiedelt werden sollen, um die Joblücken nach dem Kohleausstieg zu füllen. Ganz so, als würden die Heerscharen der arbeitslosen Kumpels über Nacht zu Bundesbeamten mutieren. Es dauerte nicht lange, ehe dieser Komplettunsinn ersatzlos von den Tagesordnungen verschwand. Rund um den DFW blieb es still und der Weckruf verhallte fast ungehört. Die Umschulung von Industriearbeitern weg von der Kohle hin zum Wasserstoff ist zwar selbstverständlich auch von Problemen behaftet, aber sicherlich wesentlich realistischer als der Quatsch mit den Bundesbehörden. Kurz nach den Ereignissen um »Hambi« verkündete Merkel, die dabei genau wie Laschet eine sehr unglückliche Figur machte, ihren Rückzug von der Spitze der CDU. Bei den knapp aufeinanderfolgenden Landtagswahlen in Bayern und Hessen hatten CDU und CSU Verluste von über zehn Prozentpunkten zu beklagen, während die Grünen ihre bombastischen Stimmenzuwächse unter anderem auf das Wetter schoben. Neben dem Insektensterben war die Dürre des Sommers einer der Hauptaufreger des Jahres 2018. Beides übrigens Dinge, für die Flüchtlinge und Migranten zwar als Sündenböcke nicht taugen, wohl aber von so manchen Politikern als eine willkommene Ablenkung vom Wesentlichen missbraucht wurden.

Während sich meine Frau angesichts der Dürre mal wieder über das super Wetter freute, riskiert meine Tochter an der Abbruchkante des Tagebaus Hambach ihr Leben, um einen Stopp der gigantischen Kohlefeuer zu erreichen. Die

Schlachten um den Hambi sind Geschichte, die verblasst im Angesicht der Gemetzel, die Russland im Frühling 2022 in der Ukraine veranstaltet. Der Kohleausstieg 2038 ist mit Rücksicht auf die »Energiesicherheit« längst wieder in Frage gestellt. Wir sehen, wohin es führt, dass das Thema H_2 von den Entscheidungsträgern aus der Politik so lange mit aller Macht unterdrückt wurde.

Umso nötiger ist die Aufklärung über den heutigen Stand der Wasserstofftechnologie und ihre Möglichkeiten, um uns und den kommenden Generationen den Weg in eine emissionsfreie Zukunft zu weisen. Die Vision einer Wasserstoffgesellschaft soll uns helfen, die Kohlenstofffeuer einzudämmen und Kriege um Energie überflüssig zu machen. Ob das Ende des fossilen Zeitalters dazu führt, dass die Erderwärmung aufhört, wird sich zeigen. – Genauso wird sich zeigen, welche Relevanz dies für uns als Menschheit haben würde. Wer sich mal die Mühe macht, sich ernsthaft mit der Historie des irdischen Klimas auseinanderzusetzen, der wird schnell zu der Erkenntnis gelangen, dass von Eiszeiten eine viel größere Gefahr für unser Wohlergehen ausgeht als von Warmzeiten. Immerhin leben wir erdgeschichtlich seit rund 2,7 Millionen Jahren in einer Eisperiode, die von erheblichen Temperaturschwankungen durch sogenannte Zwischenwarmzeiten geprägt ist.[2] Es ist, wie gesagt, sicherlich nur eine Frage der Zeit, bis große Teile Europas wieder unter einem kilometerdicken Eispanzer verschwinden werden. Ob dies in Jahrhunderten, Jahrtausenden oder Jahrmillionen der Fall sein wird, ist eine ebenso schwer zu beantwortende Frage wie jene, ob uns Wasserstoff dann wird retten können beziehungsweise, ob wir als Menschheit dann überhaupt noch existieren.

Grüner Stahl

»Als zum ersten Mal das Wort ›Friede‹ ausgesprochen wurde, entstand auf der Börse eine Panik. Sie schrien auf im Schmerz: Wir haben verdient! Lasst uns den Krieg! Wir haben den Krieg verdient!«

Karl Kraus

Im April 2015 begab es sich, dass ich in Berlin in den Genuss kam, im Haus der Kulturen der Welt (HKW) teilzunehmen am legendären »Was wirklich zählt. Der Gedöns-Kongress der *taz*«. Auf diesem gab es nämlich eine Verköstigung von Craft-Bier, an deren Ende die Teilnehmer per Urwahl zu entscheiden hatten, welches der drei verschiedenen Biere zum Panterbräu gekürt werden soll. Dieses Bier sollte im Anschluss als Eigenmarke der *taz* in deren Kantine vermarktet werden. Mit von der Partie war mein Freund Christoph »Pieps« Flessa, der in seiner Mikrobrauerei im Berliner Bezirk Friedrichshain ein hervorragendes Bier braut. Als Biertyp gefragt war ein »rotes Lager«, mit anderen Worten ein Ale. Wer jemals in Irland ein *Lager* bestellt hat, der weiß, dass damit die blonden Biere gemeint sind. Aber so genau nimmt man das bei der taz nicht.

Pieps verfolgte den Plan, dass meine Frau und ich helfen sollten, die Masse der Bierverkoster dahingehend zu beeinflussen, dass am Ende das Produkt der Flessa-Brauerei das Rennen macht. Wir parkten unsere Fahrräder vor dem futuristischen Bau aus den 1950er-Jahren und machten uns ans Werk. Sobald das Bier floss, probierte ich alle drei Sorten aus. Bei dem ersten schlug mir ein Geruch wie Pattex in die Nase. Es hatte eine Fehlnote. Dann gab es eines, das mir zu stark gehopft war, und eines, das mit Abstand am besten schmeckte. Da es eine Blindverkostung war, wusste ich nicht mit Sicherheit, bei welchem der drei es sich um das »Fless« handelte. Meine Zweifel währten nur kurz, da lief Pieps wie ein Hypnotiseur durch die Menge und skandierte ununterbrochen: »Nummer drei ist das beste Bier. Nummer drei ist das beste Bier.« Ich sah zu meiner Frau herüber. Sie wurde von einer Schar Herren umschwärmt, hielt ein Glas Nummer drei in der Hand, prostete durch die Runde und sorgte für gute Laune. Ab dem vierten Glas sank auch bei mir die Hemmschwelle, und ich wagte mich an ein paar psychologische Tricks, um die roten Vögel um mich herum zu manipulieren. Wahrscheinlich wären die gar nicht nötig gewesen, denn das Bier von Pieps schmeckte objektiv einfach besser als die beiden anderen. Wie auch immer, am Ende gewann es jedenfalls mit überwältigender Mehrheit.

Was aber hat Bier mit Wasserstoff zu tun, fragt sich hier der Leser, außer der Tatsache, dass es zu einem nicht zu vernachlässigenden Anteil aus H_2O besteht? Nun, beim Trinken kommt man sich näher. Während ich eifrig die Werbetrommel für die Nummer drei schlug, kam ich ins Gespräch mit einem Manager von der Salzgitter AG. Ich erlaubte mir die Frage, ob er denn als stahlkochender Kapitalist nicht auf dem falschen Kongress gelandet sei. Der Mann machte ein verletztes Gesicht und fragte seinerseits, wie ich das meine.

»Na. Ihr gießt den Stahl für die Kanonen und Panzer und versaut unser Klima mit der ganzen Kohle, die ihr in euren Hochöfen verheizt. Das finde ich nicht gerade links. – Wie schmeckt das Bier?«

»Bei Stahl kommt es darauf an, was man daraus macht. – Windkraftwerke zum Beispiel. Die sind ja dann wieder gut für das Klima. Außerdem gibt es bei uns Pläne, die Kohle schrittweise durch Wasserstoff zu ersetzen. – Ich habe die Nummer drei. Schmeckt ausgezeichnet.«

Ich spitzte die Ohren. Laut Shell-Studie bestehen die sogenannten Erneuerbaren Energien in Wahrheit nur zu rund zwei Dritteln wirklich aus der Kraft von Sonne und Wind. Ein ganzes Energiedrittel geht für die Fertigung, die Montage und am Ende für die Demontage der Windmühlen und Solarparks drauf, welches wiederum aus fossilen oder atomaren Brennstoffen gewonnen wird. Ich habe bereits an anderer Stelle erwähnt, dass ich den Zahlen von Shell nur bedingt traue. Immerhin ist es ein Richtwert und es stimmt gewiss, dass für Windräder eine Menge Stahl geschmolzen wird.

Eisenerz enthält Eisen in Form von Eisenoxid. Der Sauerstoff im Eisenoxid muss chemisch an ein anderes Element gebunden werden, damit man reines Eisen erhält. Bei der Stahlschmelze wird Kohlenstaub in das Glutbad des Hochofens gepumpt, der genau dies leistet. Aus dem Eisenoxid (FeO) wird per Reduktion (beziehungsweise Redoxreaktion) Eisen (Fe), und aus dem Kohlenstoff (C) und dem Sauerstoff (O) wird Kohlendioxid (CO_2).

$$\mathbf{2FeO + C \rightarrow 2FE + CO_2}$$

Kohle wird in der Stahlindustrie also nicht nur gebraucht, um das Erz auf rund 2100 °C zu erhitzen, sondern spielt auch im Produktionsprozess selbst eine wichtige Rolle. Die Stahlproduktion ist für rund sieben Prozent des weltweiten Kohlendioxidausstoßes verantwortlich. Nochmal zum Vergleich: Beim Autoverkehr sind es laut *Statista* knapp 18 Prozent. Wahrscheinlich dämmert es an dieser Stelle bereits dem Chemie-affinen Teil der Leserschaft, dass man den Sauerstoff (O) des Eisenoxids (FeO) statt an Kohlenstoff (C) genauso gut an Wasserstoff (H) anlagern kann.

$$\mathbf{FeO + 2H \rightarrow Fe + H_2O}$$

Statt Kohlendioxid bekommt man Wasser. Bei dieser Technik wird das Eisenerz mit heißem Wasserstoff durchströmt. Am Ende dieses Prozesses erhält man sogenannten Eisenschwamm, der dann in Lichtbogenöfen elektrisch geschmolzen wird. So wie es bereits heute mit Metall aus der Schrottverwertung standardmäßig geschieht. Direktreduktionsanlagen gibt es schon lange. Nur wurden sie bislang vor allem mit dem wasserstoffreichen Erdgas betrieben. Das bedeutet zwar weniger CO_2, ist aber längst nicht emissionsfrei.

Die Salzgitter AG gab Ende 2018 bekannt, 2025 den ersten ihrer drei Hochöfen mit der Wasserstofftechnologie ersetzen zu wollen. Bis 2045 sollen die anderen beiden folgen. Anvisiert ist eine CO_2-Reduzierung von 80 Prozent. In einem ersten Schritt werden sieben Windräder errichtet und ein leistungsstarker PEM-Elektrolyseur angeschafft. Denn natürlich macht die Prozessumstellung nur mit »grünem« Wasserstoff und Strom klimatechnisch Sinn. Man rechnet mit Investitionskosten von 50 Millionen Euro und hofft zuversichtlich auf eine Befreiung von der EEG-Umlage und auf Fördermittel aus Steuertöpfen. Für eine Umrüstung der kompletten deutschen Stahlproduktion auf Wasserstoff werden jährlich 120 Terawattstunden veranschlagt, zehnmal so viel wie die Stadt Hamburg benötigt.[1] Die Verteuerung der CO_2-Zertifikate sorgt also auch in diesem Bereich für erste Aktivitäten. Gut möglich, dass demnächst Brennstoffzellenpanzer aus »grünem« Stahl ins Gemetzel rollen. Die Stahlkocher träumen bereits von der kolossalen Anzahl neuer Windmühlen, die dafür nötig wären und einen riesigen Markt versprechen. Aus Gründen des Umwelt- und des Landschaftsschutzes halte ich Solarenergie eindeutig für das bessere Modell. Die zerschreddert weder Vögel noch Fledermäuse oder Insekten, benötigt allerdings wesentlich weniger Stahl. »Ja. Aber was ist dann mit den Arbeitsplätzen?«, wollte der Stahlmanager wissen.

»Die werden doch nur hergenommen, um jede erdenkliche Sauerei zu rechtfertigen, und bedenkenlos geopfert, sobald es um Gewinnmaximierung geht«, entgegne ich.

Mein Gegenüber trank sein Bierglas leer und gab mir tatsächlich recht. Eine andere Variante der schönen neuen Stahlwelt ist allerdings auch denkbar. Damals sah ich die Gefahr, dass es bei den Stahlkochern in Salzgitter mit ihren putzigen sieben Windmühlen beim »Greenwashing« bleibt. Schon jetzt lässt der Konzern verlauten, dass in der Anfangsphase vornehmlich Methan, also Erdgas, in der Direktreduktionsanlage zum Einsatz kommen wird. Wenn mit der Pipeline Nord Stream 2 noch mehr billiges russisches Gas den deutschen Markt überschwemmt hätte, wäre die Versuchung groß gewesen, die erforderlichen Investitionen in die Wasserstoffwirtschaft zu verpennen. Heute, im Jahr 2022, stellen sich die Dinge allerdings etwas anders dar. Nord Stream 2 ist zwar fertiggestellt, doch wegen des russischen Angriffskriegs auf die Ukraine wird sie nicht in Betrieb genommen. Sämtliche Player um das Projekt – von Altkanzler Gerhard Schröder bis zur Altkanzlerin Angela Merkel – werden dieser Tage zu Recht als Verräter deutscher und europäischer Interessen bezeichnet. Grüner Stahl hingegen wird als ein Qualitätsprodukt betrachtet, auf dem eine Menge Zukunftshoffnung lastet. Wirtschaftsminister Robert Habeck von den Grünen ist »überzeugt, dass die Branche zum Aushängeschild der klimaneutralen Wirtschaft werden könne«.[2]

Elektrolyse und Plasmalyse

»Zu wissen, es ist Platin.«

Werbeslogan der Platin Gilde von 1981

Jedes Kind weiß, dass es bei einem Gewitter dem Schwimmbecken fernbleiben muss, weil Wasser den Strom leitet und ein Blitz verheerende Folgen haben kann, auch wenn er nicht direkt in den Körper des Schwimmers einschlägt. Aus demselben Grund sollte man auch tunlichst keinen Fön ins Badewasser schmeißen und nicht in eine Steckdose urinieren. Wer sich ein wenig für Chemie interessiert, der weiß indes auch, dass reines H_2O den Strom eben nicht leitet. Erst die Ionen von in Wasser gelösten Salzen stellen die Leitfähigkeit her. So ist es also nicht verwunderlich, dass ein Elektrolyseur, dessen Aufgabe es ist, das Wassermolekül aufzuspalten, auf Salze im Wasser angewiesen ist, da es ohne sie nicht zu einem Stromfluss zwischen Anode und Kathode kommen könnte. Bei herkömmlichen Geräten im industriellen Einsatz nimmt man Kali, um die Leitfähigkeit herzustellen. In Wasser gelöst entsteht Kalilauge, eine stark alkalische, ätzende Substanz.

In den 1970er-Jahren, als das OPEC-Kartell seine Muskeln spielen ließ, wurde unter dem Eindruck der Ölkrise bereits schon einmal über H_2 als Alternative nachgedacht.

»Die Energiekrise hat verstärkt zu Überlegungen geführt, ob eine Wasserstoff-Technologie umweltfreundliche Lösungen von Energiespeicher-, Heiz- und Treibstoff-Problemen ermöglicht. Voraussetzung hierfür ist die Weiterentwicklung des gegenwärtigen Standes der Wasserelektrolyse-Technik …«[1]

Bereits damals vor einem halben Jahrhundert wollte man die Kalilauge in den Elektrolyseuren durch eine Polymermembran ersetzen. Das Hantieren mit der Lauge ist technisch gesehen nicht unproblematisch. Kalibergbau sorgt außerdem vielerorts für massive Umweltprobleme. Reststoffe werden in Flüsse abgeleitet und führen dort zu Versalzungen. Um also bei der Energiewende nicht den Teufel mit dem Beelzebub auszutreiben, setzen Firmen, wie die bereits im Zusammenhang mit Greenpeace Energy erwähnte *H-Tec Systems* aus Lübeck, auf PEM-Elektrolyseure. Die verhalten sich im Vergleich zur PEM-Brennstoffzelle ungefähr so wie ein Dynamo zu einem Elektromotor – nämlich vom Prinzip her gleich, nur andersherum. Auch der PEM-Elektrolyseur braucht Platin für seine Membranen, die genau wie eine Brennstoffzelle zu Stacks geschichtet werden. Die kann man dann beliebig miteinander kombinieren. Mittlerweile wird die erste Anlage im Megawattbereich angeboten. Die Hochtemperaturelektrolyse ist eine weitere Form der Wasserstoffgewinnung, die vor allem dort Sinn ergibt, wo im industriellen Fertigungsprozess Abwärme in großem Umfang vorhanden ist. Das Dresdner Unternehmen Sunfire hat im Zuge des Projekts GrInHy 2.0 (Green Industrial Hydrogen) für die Salzgitter AG einen Hochtemperaturelektrolyseur installiert, der nach dem SOEC-Verfahren (Solid Oxide Electrolyser Cell) arbeitet. Mit Abfallhitze aus dem Stahlherstellungsprozess wird Wasserdampf erzeugt. Die Anlage arbeitet bei 850 °C Betriebstemperatur.[2] Aus derart erhitztem Wasserdampf lässt sich mit relativ geringer Zugabe von elektrischer Energie das Wassermolekül in seine Grundsubstanzen Sauerstoff und Wasserstoff zerlegen. Dieser Elektrolyseur erzeugt in der Spitze 200 Normkubikmeter Wasserstoff pro Stunde und erreicht eine Energieeffizienz von sagenhaften 84 Prozent. Mittlerweile kann es den Unternehmen gar nicht schnell genug gehen, grünen Wasserstoff für industrielle Zwecke herzustellen. Durch die internationale Energiekrise, die durch Russlands Angriff auf die Ukraine noch verstärkt wurde, ist er bereits im Frühjahr 2022 billiger geworden als das aus Erdgas hergestellte »graue« Konkurrenzprodukt, eine Entwicklung, die von Fachleuten erst zum Ende der Dekade hin erwartet worden war. Sobald die industrielle Serienfertigung angelaufen ist, rechnet man mit einem deutlichen Preisverfall der Technik, die heute noch handgefertigt daherkommt. Produzenten sind daher gut beraten, nicht nur die Maschinen zu liefern, sondern zweigleisig zu fahren und auch das Zielprodukt im Portfolio zu haben: grünen Wasserstoff. Bis zum Ende des Jahrzehnts soll die Elektrolysefähigkeit innerhalb Europas von derzeit rund 1 000 Megawatt auf 40 000 MW gesteigert werden. Zum Vergleich: Deutschland hat mit seinen 60 Megawatt ordentlich Aufholpotential. Ein großes Hindernis hierbei ist ein Erbe der Merkel-Ära. Die Bundesregierung besteht für die Herstellung grünen Wasserstoffs auf die sogenannte »Zusätzlichkeit«. Solar- beziehungsweise Windparks dürfen nur dann zur Elektrolyse herangezogen werden, wenn sie eigens zu diesem Zweck errichtet wurden. Man kann hier von Überregulierung sprechen oder aber versucht sein, dies ebenfalls für eine Art Sabotage zu halten mit dem Zweck, die Wasserstoffrevolution auszubremsen.

Ein anderer, vielversprechender Ansatz, elektrischen Strom in Form von Wasserstoff zu veredeln, und damit ein weiterer Zukunftsmarkt, ist die sogenannte Plasmalyse des Berliner Start-ups Graforce. In einem unter dem Diplom-Mathematiker Jens Hanke eigens entwickelten und patentierten Verfahren wird wahlweise Gülle, Schmutzwasser, Methan aus Biogasanlagen oder kleingeschreddertes Plastik in seine chemischen Bestandteile zerlegt und anschließend mit Hilfe von Membranen getrennt. Hierzu wird aus grünem Strom ein hochfrequentes elektrisches Feld erzeugt, das zur Anregung des Plasmas verwendet wird, welches wiederum die Spaltungsprozesse vornimmt. Die Methode hat gleich mehrfachen Charme. Einerseits ist der elektrische Aufwand, der betrieben werden muss, geringer als bei der Spaltung von reinem Wasser, weil organische Wasserstoffverbindungen einfach leichter zu knacken sind als H_2O. Andererseits wird aus »Scheiße Gold«. Statt kostenintensiv Abfälle zu entsorgen beziehungsweise verseuchtes Wasser aufwendig zu reinigen, wird das energetische und stoffliche Potential dieser Materialien ausgebeutet. Eins der Nebenprodukte ist reiner Kohlenstoff, der industriell weiterverarbeitet werden kann, etwa bei der Asphaltherstellung im Straßenbau oder in Karbonfaserrahmen ultraleichter Fahrräder. Die Verfahren sind CO_2-negativ und deshalb für die Klimaretter dieser Welt hochinteressant. Die Ökosysteme unserer Meere, Seen und Flüsse würden es der Plasmalyse danken, wenn durch sie Plastikmüll zu einem echten Wertstoff würde, der sich finanziell auszahlt, sobald man ihn in Wasserstoff verwandelt. Sie wäre ein guter Motor, um Länder des Südens, wie die Dominikanische Republik oder Haiti, deren Traumstrände in Plastik ersticken, nicht nur sauber zu machen, sondern sie auch direkt einzubinden in die Wasserstoffwertschöpfungskette. Es bringt ja nichts, nur die reichen Länder des Westens zu dekarbonisieren, während im Süden weiterhin auf Öl und Gas gesetzt wird.

Kommen wir zum Schluss zur Meerwasserelektrolyse. Auch hier sind bedeutende wissenschaftliche Fortschritte in der Forschung gelungen. Die Vorteile einer direkten Elektrolyse von Meerwasser liegen auf der Hand. Während Süßwasser in sehr vielen Weltengegenden ein wertvolles und zudem immer knapper werdendes Gut ist, besteht an Meerwasser kein Mangel. Sonne, Wind, Wellen und Gezeiten bergen ein schier unendliches Energiepotential im Offshore-Bereich. Diese Energie abzugreifen und in Form von Kabeln anzulanden, ist indes unpraktisch und äußerst aufwendig. Besser ist es, sie direkt auf oder wenigstens am Wasser in Form von H_2 zu speichern. Meerwasser ist dank seines Salzgehalts ein prima elektrischer Leiter. Das Problem bestand lange Zeit in der Korrosion, die es an der Anode verursacht.[3] Dem Forscher Yun Kuang von der Standford University ist es gelungen, dieses Problems mittels Metallschäumen Herr zu werden. Künftig sind somit auch Meerwasserpipelines zu den Solarfeldern küstennaher Wüstengebiete denkbar, die dort Wasserstoff herstellen könnten, ohne dass unsere Biodiversität größeren Schaden nehmen würde, weil Letztere dort naturgemäß wenig ausgeprägt ist. Sicher, die Wüste lebt, doch sind die Schäden einer Energiewirtschaft in solchen unwirtlichen Gefilden für das Leben auf unserem Planeten sicherlich geringer als etwa Ölbohrungen in der Tiefsee oder im tropischen Regenwald.

LOHC – doch keine gute Idee!

»D'r Zoch kütt.« (Der Zug kommt.)

Rheinischer Ausruf im Karneval

Wer bis hierhin gelesen hat, der wird sich denken: Gut und schön, es gibt gewaltige Fortschritte in Sachen Wasserstofftechnik. Vielleicht kommt die H_2-Revolution, vielleicht kommt sie nicht. Das Ölkartell versucht, so lange wie möglich den Deckel draufzuhalten, und bis die Wasserstoffgesellschaft einmal globale Wirklichkeit geworden ist, wird noch viel Wasser den Vater Rhein herunterfließen. – Oder auch nicht, denn der Schicksalsstrom der Deutschen könnte bis dahin, als Folge der klimawandelbedingten Dürren, wenigstens zeitweise komplett versiegen. Wer wie ich an diesem Fluss lebt und die extrem niedrigen Pegelstände des Sommers 2018 gesehen hat, dem dämmert, dass dieses Szenario schon in naher Zukunft alles andere als unrealistisch ist. Die Technik, mit der Wasserstoff tiefgefroren oder auf 700 bar verdichtet wird, ist aufwendig, äußerst anspruchsvoll und nicht nur teuer, sondern auch energieintensiv. Das bedeutet, dass zukünftig ein großer Anteil des aufgewendeten grünen Stroms statt in die Elektrolyse in das Tieffrieren beziehungsweise die Verdichtung gesteckt werden muss.

Diese Nachteile ziehen einen Rattenschwanz von Problemen hinter sich her. Der fängt bei der mangelnden Konkurrenzfähigkeit an, die nur künstlich durch den Zertifikatehandel gewährleistet werden kann. Er führt weiter über die Kontrolle, welche die Großkonzerne weiterhin über die Entwicklung ausüben können, weil sie als Einzige über das nötige Kapital für den Aufbau der Infrastruktur verfügen. Hier hat sich in Form des 2017 gegründeten global agierenden, aus 39 Firmen bestehenden *Hydrogen Councils* auch schon der erste Ansatz zu einem Industriekartell gebildet. In den armen Ländern wird noch sehr lange auf fossile Energie gesetzt werden, weil niemand sich die neue Technik wird leisten können. Ein Beispiel für die Richtigkeit dieser These ist der aktuelle Kohleboom im nicht einmal mehr ganz so armen Polen. Noch ist es schwer vorstellbar, dass in absehbarer Zukunft Länder wie Ghana, Kambodscha oder Bangladesch ein Netz von Wasserstofftankstellen errichten werden, mit Zapfsäulen, von denen jede einzelne über eine Million Euro kostet, die auch noch aufwendig gewartet und beliefert werden müssen. Bislang teilen sich global agierende Gasgiganten wie Linde oder Air Liquid das Geschäft mit dem beginnenden Boom.

Man könnte also versucht sein zu denken, wie schön es wäre, wenn das »neue Gold« Wasserstoff ganz einfach mit herkömmlichen Öltankern durch die Gegend geschippert werden könnte, mit einem ganz normalen Tanklaster zu den Tankstellen gebracht würde, um dann im Auto wie Benzin oder Diesel in einem, dem Autoinneren angepassten, dünnwandigen Plastiktank auf den Einsatz in der Brennstoffzelle zu warten. Denn ganz abgesehen davon, dass die Karbon-Hochdruck-Tanks teuer sind, nehmen sie im Auto, genau wie eine Hochvoltbatterie, viel wertvollen Platz weg. Wer jemals wie ich das Kribbeln der Panikattacke in sich hat aufsteigen spüren, weil er mit seinem Hintern über einem 700-bar-Drucktank voll Wasserstoff sitzt, der weiß, wovon ich rede.

Die vermeintlich gute Nachricht war daher, dass es sehr wohl eine Möglichkeit gibt, Wasserstoff viel einfacher in die bereits bestehende Infrastruktur einzubinden. Genaugenommen erscheint es ja erstmal ziemlich irre, ihn transport- und lagerfähig zu machen, indem man ihn bis knapp an das absolute Temperaturminimum herunterbringt oder auf fast noch verrücktere 700 bar zusammenpresst. Es gibt einen komplett anderen Ansatz, der in der Fachwelt den sperrigen Namen *Liquid Organic Hydrogen Carrier* (LOHC) trägt. Das bedeutet auf Deutsch etwa: flüssiger organischer Wasserstoffträger. Der Gedanke dahinter ist ganz einfach. Wenn man problemlos Wasserstoff in Sonnenblumenöl hinein hydrieren kann, um Margarine zu erhalten, so funktioniert das natürlich auch mit anderen ölartigen Substanzen. Nun braucht man diese am Ende nur wieder zu dehydrieren und bekommt seinen Wasserstoff zurück. Man nimmt, mit anderen Worten, einen schwach angereicherten Kohlenwasserstoff, macht daraus einen stark angereicherten und kehrt diesen Prozess bei Bedarf einfach wieder um. Inwieweit das mit Margarine klappt, entzieht sich meiner Kenntnis. Im Prinzip kommen hunderte, vielleicht sogar tausende Stoffverbindungen als LOHC in Frage.

An der Uni Erlangen beschäftigen sich zwei Wissenschaftler seit 2009 mit dieser Thematik und der mit ihr verbundenen Chance, die Energieversorgung der Menschheit zu revolutionieren: Professor Dr. Peter Wasserscheid (Nomen est omen!) und Professor Dr. Wolfgang Arlt.

Der Witz am LOHC-Verfahren der beiden Erfinder ist, dass sich die Trägerflüssigkeit bis zu tausend Mal mit H_2 wiederbefüllen lässt. Man kann das LOHC also wie eine flüssige, chemische »Pfandflasche« für Wasserstoff benutzen. Die Wissenschaftler verwandten große Sorgfalt auf die Suche nach dem geeigneten Trägerstoff. Nach langer Abwägung fiel ihre Entscheidung auf eine Substanz mit Namen Dibenzyltoluol. Diesen Zungenbrecher will jeder vernünftige Mensch auf der Stelle wieder vergessen. Wer ihn in den Mund nimmt, macht sich sofort der Klugscheißerei verdächtig. Dennoch lohnt es sich, Dibenzyltoluol in Erinnerung zu halten. Laut Wasserserscheid erfüllt Dibenzyltoluol als LOHC jene Erfordernisse, die die Erlanger Erfinder auf ihrer Suche für unabdingbar hielten.

- Es sei in großer Menge verfügbar. Die heutige Jahresproduktion liegt bei rund 50 000 Tonnen, man könnte aber auch viele Millionen Tonnen davon pro Jahr herstellen.
- Es sei ungiftig.
- Es sei schwer entzündlich, selbst wenn es mit Wasserstoff beladen ist.
- Der ursprünglich als Wärmeträgeröl entwickelte Stoff behielte von -34 °C bis 360 °C seine flüssige Konsistenz.
- Die Substanz würde technisch dafür entwickelt, auch bei hohen Temperaturen noch sicher zu sein.
- Die Menschheit verfüge über eine langjährige Erfahrung mit Dibenzyltoluol. Er sei also sehr gut erforscht.

Um dafür zu sorgen, dass ihr neues Konzept zur gefahrlosen Wasserstoffspeicherung möglichst schnell auch technisch genutzt wird, entschlossen sich Wasserscheid und Arlt die industrielle Verwirklichung selber in die Hand zu nehmen. Gemeinsam mit ihrem ehemaligen Doktoranden Daniel Teichmann gründeten sie die Firma *Hydrogenious Technologies GmbH*, mit dem Ziel, die Früchte ihres Erfindungsreichtums in die Welt hinauszutragen. Der Betrieb hat seinen Sitz im heimischen Erlangen.

Folgendermaßen funktioniert die Maschinerie, die sich die beiden Wissenschaftler ausgedacht haben: Ein Elektrolyseur wandelt Ökostrom in 30 bar Druckwasserstoff um. Dieser wird in einen Belader beziehungsweise Hydrierer geleitet. Dort spaltet ein fester Katalysator das H_2-Molekül auf und bindet es an das Dibenzyltoluolmolekül. Aus Dibenzyltoluol (H 0–LOHC) wird Perhydro-Dibenzyltoluol (H 18-LOHC). Dabei handelt es sich um eine exotherme Reaktion, bei der also Wärme abgegeben wird. Sie ist abgeschlossen, wenn alle Doppelbindungen mit Wasserstoff reagiert haben. Die 300 °C Wärme, die dabei entstehen, können in den Visionen von Wasserscheid und Arlt als Fernwärme dienen oder – noch besser – in den für die Sonnenernte besonders interessanten Wüstengebieten Afrikas zur Entsalzung von Meerwasser genutzt werden, mit dem wiederum die Elektrolyseure gefüttert würden. In Form von H18-DBT kann Wasserstoff bei Umgebungstemperatur ohne Verluste unbegrenzt gelagert werden und wie ein heutiger Kraftstoff transportiert werden.

Will man den gebundenen Wasserstoff wieder nutzen, braucht man einen Freisetzer oder Dehydrierer, in dem ebenfalls per Katalyse, die Umkehrrektion, stattfindet. Bei beiden Katalyseschritten spielt Platin eine wichtige Rolle. Die Freisetzung ist eine endotherme Reaktion. Die 300 °C Wärme, die vorher abgegeben wurden, müssen nun also wieder hineingegeben werden. Was eigentlich ein Nullsummenspiel ist, wird für den Empfänger des LOHCs allerdings schnell zu einem gewissen Nachteil. Doch dieser Nachteil lässt sich dann verschmerzen, wenn die Nutzung des freigesetzten Wasserstoffs Abwärme erzeugt, die zur Dehydrierung genutzt werden kann, beispielsweise in einer Hochtemperaturbrennstoffzelle oder in einem Wasserstoffmotor. Entwickelt wurden die Anlagen in verschiedenen

Größenordnungen. *Storage PLANT 5000* etwa ist in der Lage, täglich gewaltige 10 000 Kilogramm H_2 – also ungefähr die Monatsproduktion eines mittleren Windrades –, chemisch einzulagern. Die *Release BOX* andererseits hat aufgrund der angestrebten dezentralen Verwendung, zum Beispiel an Wasserstofftankstellen oder bei industriellen Verbrauchern, eine geringere Kapazität. Das derzeit größte Modell schafft täglich 20 bis 500 Kilogramm pro Tag.

Der echte Clou, wenn es um die Rückgewinnung von Energie geht, ist sowieso, den Wasserstoff gar nicht erst wieder in die Reinform zu bringen, sondern den beladenen LOHC-Träger direkt in eine Brennstoffzelle zu füttern. Die Direkt-LOHC-Brennstoffzelle arbeitet bei niedrigeren Temperaturen, typischerweise 80 bis 200 °C. Dies ist möglich, weil kein Wasserstoff freigesetzt wird, sondern direkt aus dem LOHC am Anodenkatalysator Protonen gebildet werden. In dem Kapitel über diese Technologien habe ich ja angeschnitten, dass es verschiedenste Formen der *Fuel Cell* gibt, die mitnichten alle mit reinem H_2 operieren. Die Direkt-LOHC-Brennstoffzelle besitzt eine Effizienz von rund 50 Prozent. Sie funktioniert mit einem Zwei-Kammer-Tanksystem – eine Kammer für den mit H_2 befüllten und die andere für den vom H_2 befreiten LOHC. Beim Tanken wird gleichzeitig zugeführt und abgesaugt. Der Tankvorgang dauert etwa drei Minuten.

An dieser Stelle kommt das Gewicht ins Spiel. Ein Kilo »H 18-LOHC« besitzt eine Speicherkapazität von 2,05 Kilowattstunden. Wissenschaftler drücken es so aus: Es besitzt eine hohe volumetrische Speicherfähigkeit. In tausend Liter »H 18-LOHC« passen 57 Kilogramm Wasserstoff. Dieselbe Menge würde, zusammengepresst auf 300 bar, 57 stählerne Gasflaschen benötigen, von denen jede einzelne 85 Kilogramm wiegt! Ziehen wir zum Vergleich den Lithium-Ion-Hochvoltspeicher eines heutigen Elektroautos heran, so haben 40 Kilogramm »H 18-LOHC« dieselbe Speicherkapazität einer 300 Kilogramm schweren Batterie. Wir müssen in diesem Zusammenhang immer Volumen und Gewicht im Auge behalten. Während ein Liter atmosphärischer, also nicht komprimierter Wasserstoff nur ein Dreitausendstel der Energie von einem Liter Diesel besitzt, enthält ein Kilogramm komprimierter Wasserstoff dreimal so viel Energie wie ein Kilogramm Diesel.

2018 wurde das Projekt der Erlanger Forscher für den Deutschen Zukunftspreis nominiert, dem »Preis des Bundespräsidenten für Technik und Innovation«. Der mit 250 000 Euro dotierte Preis setzt voraus, dass die Innovationen sich bereits im wirtschaftlichen Einsatz bewähren. Hydrogenious hat zwar Ende 2018 gerade mal neun Anlagen an den Mann bringen können, aber immerhin. Der Großteil der Verkäufe ging übrigens an die chemische Industrie, die damit sogenannten »Abfallwasserstoff« speichert. Mit »H 18-LOHC« wird es nämlich auf einmal wirtschaftlich, den Wasserstoff, der bei einer ganzen Reihe chemischer Abläufe, wie etwa der Chlor-Alkali-Elektrolyse, als Nebenprodukt auftritt und bisher einfach in die Atmosphäre geblasen oder verbrannt wird, zu sammeln und zu vermarkten.

Bei der Präsentation von »Flüssige Wasserstoffspeicher – Wegbereiter einer zukünftigen Wasserstoffgesellschaft« übernimmt Peter Wasserscheid vor laufender Kamera die Rolle des Wortführers. Der Mann mit der Professor-Bienlein-Frisur spricht vor den geladenen Gästen in Vorlesungsmanier. Das kann er. Das hat er lange genug geübt. Dafür sitzt der silbrig glänzende Anzug schlecht und der Schlips schief. Hier verkörpert jemand den aufrechten Wissenschaftler und nicht den aalglatten Geschäftsmann. Dazu passt, dass er und seine Mitstreiter für »H 18-LOHC« noch nicht mal einen Markennamen gefunden haben. Vollkommen unbescheiden verkündet er, nicht nur das Energieproblem der Menschheit gelöst zu haben, sondern gleichzeitig das Klima- und das Schadstoffproblem.

Das Problem sind die politischen Rahmenbedingungen: »Wer Geld dafür bekommt, sein Windrad aus dem Wind zu drehen, für den ist der Anreiz gering, seinen Strom in Form von Wasserstoff zu speichern.« Damit meint Wasserscheid die EEG-Umlage. Das Thema Politik beschäftigt auch seinen Kollegen Arlt. In älteren Interviews buhlte er bereits um die Gunst der Mächtigen, indem er anregte, mit LOHC und Wasserstoffverbrennungsmotoren die deutsche Motorenindustrie zu retten. Denkbar wäre in diesem Fall eine Miniatur-Release-Box im Motorraum. Während der Präsentation ergreift er das Wort und stellt eine brisante Berechnung vor.

Die Stromtrassen, die eines Tages den Windstrom von der Küste nach Süddeutschland bringen sollen und auf breiten Widerstand in der Bevölkerung treffen, könnten problemlos ersetzt werden durch LOHC-Pipelines. Statt einer hundert Meter hohen Hochspannungs-Gleichstrom-Übertragungsleitung (HGÜ) würde eine Röhre von 30 Zentimetern Durchmesser in die Erde verlegt werden. Die Akzeptanz wäre aus seiner Sicht eine ganz andere.

Wasserscheid präsentiert eine Tankstelle für Elektroautos in Stuttgart, die mit LOHC beliefert wird. Der Wasserstoff hierfür speichert die überschüssige Sonnenenergie aus Solarzellen, die auf dem Dach der firmeneigenen Halle montiert sind. Nachts, wenn der Rest der elektromobilen Republik dreckigen Braunkohlestrom tankt und sich einredet, damit etwas für die Umwelt zu tun, kann man an dieser Tankstelle Sonnenstrom aus Erlangen in sein Batterieauto füllen. Er deutet an, dass es hier ganz klar nicht um Wirtschaftlichkeit geht, sondern darum, ein Zeichen zu setzen.

Wer nun glaubt, Frank Walter Steinmeier (SPD), Präsident der Deutschen und Ex-Lakai des (wie erwähnt) tief in das Fossilkartell verstrickten, ehemaligen Bundeskanzlers und seitdem Gasprom-Mannes Gerhard Schröder, hätte den drei Pfiffikussen aus Süddeutschland den Zukunftspreis zuerteilt, der irrt natürlich. Gewonnen hat ihn am 28. November, pünktlich zum Beginn der UN-Klimakonferenz in der Kohlestadt Kattowitz, ein Virusmedikament, das nach Organtransplantationen zum Einsatz kommt. Keine zwei Wochen nach dieser Entscheidung verkündet Wirtschaftsminister Peter Altmaier (CDU), im Andenstaat Bolivien für die nächsten 70 Jahre die Schürfrechte für Lithium erworben zu haben – zur Batterieherstellung, versteht sich. Keine drei Monate nach der Preisverleihung am 15. Februar 2019 wandelt Steinmeier, nach einem CO_2-intensiven Langstreckenflug in der Regierungsmaschine, zwischen Blaufußtölpeln und Meerechsen auf den Galapagos-Inseln und warnt vor den Folgen des Klimawandels. Bei selbiger Gelegenheit stellt er sich in einer quietschblauen Plastikjacke vor die Kameras und erzählt der Menschheit, sie solle nicht so viel Plastik verbrauchen. An der Ernsthaftigkeit und an der Zuverlässigkeit dieses Menschen, der da oberster Repräsentant unseres Landes sein will, darf also gezweifelt werden.

Die Sache mit dem LOHC lässt mir keine Ruhe. Ich ermanne mich, setze mich einmal mehr in meinen persönlichen kleinen Klimakiller und fahre die lange Strecke nach Erlangen, um Peter Wasserscheid kennenzulernen. Um mir dabei die Zeit zu vertreiben, höre ich laute Salsa-Musik von Héctor Lavoe und übe am Steuer den Schulter-Shake. Es ist ein strahlend sonniger Wintertag, strahlend sonnig wie so viele Tage in diesem Jahr. Nicht nur mir wird die viele Sonne längst unheimlich. Auf dem Campus parke ich meinen stinkigen Diesel neben einem blauen Toyota Mirai, der mit einem, in blubbernde Gasbläschen getauchtes, Wasserstofflogo verziert ist. Der Leiter des Lehrstuhls für Chemische Reaktionstechnik, denke ich da, gehört zu demselben Kreis von

H_2-Verschwörern wie der Westerwälder Pionier Jürgen Fuhrländer mit seinen beiden Hyundais. Das Gebäude, in dem sich der Lehrstuhl für Chemische Reaktionstechnik befindet, ist fast so monströs wie der Betonklotz in Bochum, in dem ich Matthias Rögner traf. Ich steige in den obersten Stock, wo mich die Sekretärin des Professors bittet, kurz im Flur Platz zu nehmen. Der Herr Professor komme gleich. Ich setze mich und stehe sofort wieder auf. Draußen werden die Schatten länger, taucht die Nachmittagssonne die Welt in goldenes Licht. Ich trete auf den Balkon, lasse sie mir mild auf den Pelz brennen und genieße das leichte Kribbeln im Rückenmark, das von meiner Höhenangst stammt. Die Nacht soll frostig werden. Aus den Augenwinkeln sehe ich im Büro hinter mir Menschen erschreckt zusammenzucken. Es dauert einen Augenblick, ehe ich kapiere, dass die »Balkontüre« der Notausgang war und ich statt auf einem Balkon auf dem schmalen Außengang zur Feuerleiter stehe. Nur ein stählernes Gitter trennt mich vom Abgrund. Die Tür des Notausgangs lässt sich von außen nicht öffnen. Ich stehe vor der Wahl, die Feuertreppe hinunterzuklettern und danach wieder über den Haupteingang hereinzukommen oder bei Wasserscheids Sekretärin zu klopfen und um Einlass zu betteln. Ich wähle letztere Option. Nachdem ich mich also gründlich zum Affen gemacht habe, setze ich mich brav wieder hin und warte weiter auf den Professor.

Nach kurzer Zeit erscheint er. Ich gewinne den Eindruck, dass er nicht wirklich Bock auf mich hat. Einerseits stehe ich zwischen ihm und einem Feierabend bei seinen Lieben, und andererseits ist er genervt wegen meines Stunts auf der Feuerleiter. Zur Strafe nennt er mich mehrfach vor seiner Sekretärin einen »Kollegen«.

»Bringen Sie dem Kollegen bitte einen Kaffee mit Milch!«

Bevor wir loslegen, bittet er darum, meine Reportage einsehen zu dürfen, ehe ich sie veröffentliche. Er hat Sorge, dass ich Stuss über seine Erfindung in die Welt setze. Dies ist natürlich nicht meine Absicht. Alle meine Interviewpartner bekommen die sie betreffenden Passagen zur Autorisierung vorgelegt. Ich kann ihn in diesem Punkt also beruhigen. Von Nahem betrachtet und ohne den schlechtsitzenden Zweiteiler wirkt der Mann wesentlich dynamischer und sportlicher, als ich ihn von seinen medialen Auftritten her in Erinnerung habe. Wir sind etwa in demselben Alter, ich 50 und er Ende 40. Der Anfang unseres Treffens verläuft enttäuschend. Sicherlich bin ich dankbar und fühle mich geehrt, dass er sich überhaupt die Zeit nimmt und mir einen bildunterstützten Vortrag angedeihen lässt. Aber das meiste davon weiß ich schon, und von der Genialität seiner Entdeckung muss er mich auch nicht mehr überzeugen. Auf Einwürfe und Nachfragen reagiert er genervt. Ich versuche zu glänzen, indem ich an einem Punkt einwerfe, dass ja auch die Bindung von Wasserstoff an Feststoffe möglich sei. Er kann entweder chemisch an die Oberfläche von Metallen gebunden werden oder in poröse Materialien mit großer Oberfläche, wie beispielsweise Kohlenstoff-Nano-Röhren oder auch keramische Materialien, eingebunden werden. Mit diesen Materialien hat er sich ausgiebig beschäftigt. Er hält nichts davon. Sie seien gefährlich zu handhaben, weil leicht entzündlich.

Interessant finde ich eine Weltkarte, auf der die Potenziale für Ewige Energien dargestellt werden. Die besten Potenziale haben demnach Weltengegenden, wo kaum jemand wohnt, etwa die Sahara, der mittlere Westen der USA, Feuerland oder Somalia am Horn von Afrika. In Westeuropa hingegen, wo so gigantisch viel Energie verbraucht wird, sind die Bedingungen schlecht bis mäßig. In einer dekarbonisierten Welt wären wir niemals in der Lage, unseren hohen Bedarf aus eigenen Mitteln zu stemmen. Ein Transport von Wasserstoff in Form von LOHC weg von den unbewohnten Gebieten hin zu den bevölkerten Weltenteilen wäre eine sinnvolle Antwort auf diese Problematik. »Das Weltklima entscheidet sich nicht in Deutschland«, gibt Wasserscheid zu Protokoll. Unser Gespräch nach dem Vortrag entwickelt sich spannend. Ich erfahre, dass ein wesentlicher Entwicklungspfad der LOHC-Technologie auf Arbeiten im BMW-Konzern zurückgeht. Einer der Finanziers von *Hydrogenious* ist derselbe britisch-südafrikanische Bergbaukonzern, der sich auch bei den kanadischen Brennstoffzellenfabrikanten *Ballard* eingekauft hat. Hier wird deutlich, dass der Kampf der Titanen um die Energieversorgung der Menschheit hinter den Kulissen zwischen verschiedenen Rohstoffindustrien geführt wird. Die einen schürfen nach Öl, Gas und Kohle, die anderen nach

Lithium oder Kobalt, wieder andere nach dem Edelmetall Platin. Wasserscheid zeigt mir auf seinem Handy eine Tabelle mit der seit Jahren andauernden Werteinbuße von Platin nach dem Ende des Dieselbooms. Eine verstärkte Nutzung von Wasserstofftechnologien würde den Platinpreis vermutlich wieder steigen lassen. Genau wie bei *Ballard* sind auch in Erlangen chinesische Investoren in Sicht. Wir plaudern noch ein wenig über Elektroautos, die allein von einer Lithium-Ion-Batterie angetrieben werden, für mich eine Wasserstoff-Verhinderung-Technologie. Wasserscheid nickt nachdenklich, auch wenn er die Batterietechnologie für Kurzstreckenfahrzeuge und als Pufferspeicher für große Wasserstofffahrzeuge sehr wichtig findet.

»Wahrscheinlich wissen viele nicht, dass, wenn acht Fahrzeuge an einer Ladestation hängen, der Ladevorgang achtmal so lange dauert wie bei einem einzelnen Fahrzeug. Simple Physik.«

Er zeigt mir eine App für das deutsche H_2-Tankstellennetz, die unter anderem anzeigt, welche der Zapfsäulen sich gerade im Reparaturzustand befinden. Es sind einige. Die 700 bar Wasserstoffhochdrucktechnik ist kompliziert und anfällig. In Deutschland oder der Schweiz ist sie gut handhabbar. Aber ist sie auch eine Lösung für die globale Mobilitätswende, auf die es ja ankommt, wenn man die besorgniserregende Klimaentwicklung vor Augen hat? Das Fahren eines Wasserstoffautos ist im Deutschland von heute gut möglich. Wasserscheid hat mit seinem Wasserstoff-Dienstfahrzeug im letzten Jahr 15 000 Kilometer zurückgelegt, ohne jedes Problem.

»Wie gehen Sie damit um, den Deutschen Zukunftspreis nicht bekommen zu haben?«

Wasserscheid gibt den guten Verlierer:

»Das ist schon okay. Die besonders spannenden Mobilitätsanwendungen der LOHC-Technologie sind noch im Entwicklungsstadium. Das sieht alles sehr vielversprechend aus, aber bevor man das im Laden kaufen kann, braucht es noch ein paar Jahre.«

Ich beende das Gespräch. Leider wird es nichts mit dem versprochenen Besuch in der Werkshalle von *Hydrogenious*, inklusive der Fahrt in dem Mirai. Ich habe Verständnis. Es ist spät geworden und der Professor will nach Hause. Ich nehme mir ein Zimmer in der Nähe von Erlangen und gehe zum Abendessen in eine Wirtschaft. Bei einem Glas fränkischen Biers genieße ich eine deftige Portion Schäufele. In der Nacht sacken die Temperaturen bei sternenklarem Himmel unter minus zehn Grad.

Am nächsten Morgen trete ich die Rückreise an. Es ist eisig kalt. Auf der Autobahn fahre ich an einem liegengebliebenen Tesla vorbei. Gerade wenn es kalt ist, zeigen sich die Nachteile der Hochvoltbatterien. Sie geben weniger Strom ab als im warmen Zustand und müssen auch noch die Fahrerkabine heizen, was natürlich zusätzlich auf Kosten der Reichweite geschieht. Verschiedene Gedanken schwirren durch meinen Kopf. Wasserscheid hatte von den Chinesen gesprochen, die bei der Einführung der neuen Technologie den »Vorteil der Diktatur« genössen. Dort können an oberster Stelle Beschlüsse gefasst werden, und die technischen Entwicklungen wesentlich schneller vorangetrieben werden als in den schwerfälligen westlichen Demokratien. Gedanken an Franz Fischer und Hans Tropsch drängen sich mir auf – deutsche Chemiker, die mit Kohlenwasserstoffen experimentiert hatten und am Ende zu den Verursachern des Zweiten Weltkriegs zählten. Auch wenn Wasserscheids LOHC mit dem Bunsenbrenner bearbeitet werden kann, ohne Feuer zu fangen, so ist es dennoch ein Öl von unerhörter Flammbarkeit, das ins wasserstoffrevolutionäre Feuer gekippt wird. Vertraut man dem Professor, so ist die komplizierte Wasserstoff-Flüssiggas-Technologie, mit der in einigen europäischen Ländern gerade ein enorm teures Tankstellennetz aufgebaut wird – ehe sie sich überhaupt halbwegs etablieren konnte –, bereits eine veraltete Technik.

Mittlerweile habe ich an diesem Punkt einige Zweifel. Für die Neuauflage dieses Buches unternehme ich einen weiteren Versuch der Kontaktaufnahme mit dem LOHC-Mann. Ich schaffe es telefonisch nicht an der freundlichen Vorzimmerdame vorbei. Auch meine E-Mail bleibt unbeantwortet. Nachdem ich nämlich anfänglich durchaus den Enthusiasmus Wasserscheids für sein LOHC geteilt habe, so ist dieser doch einer sehr großen Skepsis gewichen, die ich dem Leser nicht vorenthalten will. Auf dem Hamburger Wasserstoffkongress 2019, an dem vom führenden Brennstoffzellenhersteller Ballard bis hin zu Lufthansa und Shell alles teilnahm, was Rang und Namen hat, vermisse ich ihn und sein Projekt. Auf Nachfrage erfahre ich, dass er bei einigen der rund 800 Delegierten aus Politik und Wirtschaft als eine Art Schmuddelkind der Branche gilt. Man flüstert mir zu, LOHC habe »Krebs«.

Einer der Gründe dafür dürfte die vermeintliche Ungiftigkeit von der Trägersubstanz sein. Mir gegenüber sprach Wasserscheid davon, sein LOHC sei nicht ungiftiger als Diesel. Wenn das stimmt, ist das Zeug ziemlich giftig! Diesel ist nicht nur gefährlich für Grundwasser und Bodenorganismen, es ist auch krebserregend. Es kann bei Verschlucken oder Eindringen in die Atemwege tödlich sein, schädigt die Organe, reizt die Haut und emittiert giftige Dämpfe. Bei Transporten muss ein Warnschild mit einem toten Fisch und einem toten Baum auf die Tanklaster geklebt werden. Statt der Ölpest droht also die LOHC-Pest, wenn das Zeug zum massenhaften Einsatz kommt und in Pipelines und Tankern durch die Gegend gepumpt oder geschippert wird. Pipelines haben die ungute Eigenschaft zu brechen und Tanker zu sinken. Man treibt also den Teufel mit dem Beelzebub aus, bekämpft Klimasauerei mit Umweltsauerei. Die Fossilindustrie jubelt indes über die Aussicht auf dem LOHC-Vehikel mitgenommen zu werden in die schöne neue Welt des Wasserstoffs. In Südafrika fährt die von Wasserscheid mitgegründete H_2-Industrie die Fischer-Tropsch-Synthese hoch, um mittels Steinkohle Dibenzyltoluol zu gewinnen. In Helgoland soll in Form eines speziell für LOHC-Schiffe ausgelegten Hafens, ein H_2-Knotenpunkt, ein sogenannter Wasserstoff-Hub, entstehen, wo die Wasserstofffernte der Offshore-Windanlagen angelandet werden soll. Wasserscheid ist es demnach gelungen, einiges mit seiner Erfindung in Bewegung zu setzen. Angesichts der Interessengruppen aus der Fossil-Industrie, die mutmaßlich hinter seinem Rücken stehen dürften, schwant einem da allerhand Übles.

Der Tank

»Ein höherer Betriebsdruck bietet enorme Vorteile
für eine effiziente Verteilung und
Zwischenspeicherung von Wasserstoff…«

Fabian Richter

Einen anderen Ansatz bietet die vom Fraunhofer Institut entwickelte »Powerpaste«, die auf Magnesiumbasis funktioniert. Hier wird Wasserstoff bei etwa sechs bar Druck und 350 °C mit Magnesiumpulver in Berührung gebracht. Das Ergebnis ist eine gallertartige Substanz, die sich in Tuben füllen lässt, um von dort aus die Brennstoffzellen zu füttern. Bei der Rückumwandlung in Wasserstoff kommt interessanterweise einfaches Wasser zum Einsatz, das bei diesem Prozess gespalten wird, um mit seinem H_2-Anteil die Wasserstoffausbeute am Ende zu verdoppeln. Die Zukunft wird zeigen, wo diese Innovation zum Einsatz kommen wird. Mittlerweile Purist geworden, bevorzuge ich bei der Wasserstoffspeicherung ganz klar den Drucktank. Man füllt Wasserstoff hinein und bekommt Wasserstoff heraus – kein chemischer Schnickschnack, keine Geschenke an die Fossilkartelle und keine energetischen Verluste von bis zu 30 Prozent wie im Kryo-Verfahren. Natürlich gibt es auch Stahltanks, die mehr oder weniger wie normale Gasflaschen aussehen und dank spezieller Beschichtung in der Lage sind, das kleinste aller Moleküle zu speichern, ohne dass es durch den Mantel aus Metall diffundiert. Ihr Hauptnachteil liegt im hohen Gewicht begründet. Bei ihnen spricht der Experte von Typ 1 Druckbehältern. Typischerweise sind sie für Drücke von 200 bar ausgelegt, altbewährt und befinden sich in vielfacher Anwendung in der Industrie, sowohl stationär wie als Transportbehälter.[1] Unter Typ 2 versteht man einen Tank, der zusätzlich zu seiner Wandung aus Stahl einen harzgetränkten Mantel aus Glas- und Kohlefasern besitzt. Mit ihm können Drücke bis 1000 bar erreicht werden (!). Typ 3 besitzt neben einem sogenannten »Liner« oder Innenbehälter aus Aluminium eine Kohlefaserummantelung um den kompletten Tank. Dieses System findet aufgrund seines geringen Gewichts bei gleichzeitig extrem hoher Belastbarkeit heutzutage bereits Anwendung in der Mobilität und ist für Drücke von 700 bar (PKW) beziehungsweise 350 bar (LKW) ausgelegt. Bei Typ 4 Drucktanks besteht der Innenbehälter aus Plastik und die Ummantelung ebenfalls aus Kohlenstofffasern. Dieser Tank ist besonders leicht. Ein derzeit noch in der Entwicklung sich befindender Typ 5 besteht komplett aus dem Wunderstoff Kohlefaser.

81 Typ 4 Wasserstofftanks der Firma NPROXX, die einen Druck von 500 bar aushalten, kommen derzeit in einem 20-Fuß-Container als Systemlösung in einem Tankstellenprojekt zum Einsatz, wo sie die Konkurrenz zum derzeit noch favorisierten Tiefkühlverfahren bilden. Bevor sie zugelassen wurden, haben sie die sogenannte ADR 6.2 Zertifizierung gemäß dem Übereinkommen über die internationale Beförderung gefährlicher Güter des TÜVs erhalten müssen. Hierzu mussten sie bei aufwändiger Dokumentierung Bersttests, Falltests, Feuersicherheitsprüfungen und Beschusstests überstehen.[2]

Zylindrische Tanks sind vor allem bei PKWs recht schwer in die heutzutage gängigen Fahrzeugstrukturen zu integrieren, weil sie sperrig sind. Deshalb arbeitet die Uni München unter Leitung von Professor Alexander Horoschenkoff an einem quaderförmigen System, das demnächst an derselben Stelle sitzen könnte, an der bei heutigen E-Autos die Akkus untergebracht sind: im Fahrzeugboden. Das Forschungsprojekt BRYSON (BauRaumeffiziente HYdrogenSpeicher Optimierter Nutzbarkeit) setzt dabei auf eine Verstrebung des Tankinneren durch Züge, die ein Ausdellen verhindern sollen. Wie man sieht, sind die Entwicklungen im technischen Bereich, auch was die Tanks betrifft, im Flow und werden mit »Hochdruck« vorangetrieben.

Wasserstoffstrategen, Sektorenkopplung und Power to X

»Wenn Sie keine Strategie haben, sind Sie Teil der Strategie eines anderen.«

Alvin Toffler

Von Deutschlands Nationaler Wasserstoffstrategie über die Norddeutsche Wasserstoffstrategie, den European New Green Deal bis hin zur geplanten Wasserstoffstadt Neom in Saudi-Arabien und Desertec 2.0 – an vielen Orten der Welt ist hinter den Kulissen die Energierevolution in vollem Gange. Bundesländer wie Sachsen-Anhalt haben eine eigene Wasserstoffstrategie, genau wie die Region Norddeutschland. Die Norddeutsche Wasserstoffstrategie setzt vor allem auf die bereits erwähnten Wasserstoff-Hubs. Dies sind Startpunkte zum Aufbau der Wasserstoffindustrie. Sektorenkopplung wird ebenfalls groß geschrieben.

Auf die Sektorenkopplung wollen wir an dieser Stelle etwas näher eingehen. Was genau ist damit gemeint? Die Menschheit braucht Energie hauptsächlich für folgende vier

Bereiche: Heizen (beziehungsweise Kühlen), Transport, Industrie und Elektrizität. Diese verschiedenen Bereiche werden als Sektoren bezeichnet. Bislang hat man jeden dieser Sektoren für sich allein betrachtet und nach individuell angepassten Lösungen der Energieversorgung gesucht. Die Sektorenkopplung sucht nach einem gesamtheitlichen Konzept. Hier kommt natürlich H_2 gewichtig ins Spiel. Ein einfaches Beispiel: Ist das Stromnetz durch zu viel Windstrom überlastet, weil auf der Nordsee der Blanke Hans regiert, gewinnt man aus dem Überschuss per Elektrolyse Wasserstoff und versorgt mit ihm über das Gasnetz die Haushalte, die damit ihr Abendessen kochen und bei aufgedrehter Heizung, hübsch im Hellen und Warmen, mit vollen Bäuchen gemütlich das Toben der Elemente abwarten. Nun weht der Sturm so wild, dass alle diese Anwendungen ausgereizt sind und man immer noch zu viel Energie hat. Also füllt man den Wasserstoff in Stahltanks und fährt ihn in die nächste Düngemittelfabrik, wo via Ammoniaksynthese der Kunstdünger hergestellt wird, um den Mais für die Biogasanlage sprießen zu lassen, die dann in der Dunkelflaute zwei Wochen nach dem Sturm dafür sorgt, dass immer noch genug Strom und Gas für alle da ist. Aus »Power to Gas« wird »Power to X«. Das X wird unter Wasserstoffstrategen unter anderem so ausdefiniert: »Power to Gas«, »Power to Ammonia«, »Power to Power«, »Power to Heat«, »Power to Mobility«.

Nur leider sterben durch den in Monokultur angebauten Biogas-Mais unsere Vögel und Insekten aus. Hier kippt das

Paradies. Sektoren wie dieser müssen ausgekoppelt werden. Nochmal: Den irrsinnigen Energieumweg der Biogasgewinnung brauchen wir nicht, wenn ausreichend Wasserstoff als Energiepuffer vorhanden ist. Das ist eine simple Wahrheit, mit der man sich zur Mehrung der eigenen Ehre eine Vielzahl hervorragender Feinde schaffen kann – vom Bauernverband über die Vertreter der Pestizid- und Düngemittelindustrie bis hin zu den Gewerkschaften, der Partei die Grünen und den Fossilkartellen. Wichtig für die Sektorenkopplung sind die sogenannten Knotenpunkte, die die verschiedenen Bereiche des Energiebedarfs miteinander koppeln. Womit wir beim Hybridkraftwerk angelangt sind, welches dieses am besten leisten kann. Die auf Windkraft spezialisierte Firma *Enertrag* betreibt bereits seit 2011 das weltweit erste Hybridkraftwerk in Prenzlau. Es besteht im Wesentlichen aus drei Windrädern mit jeweils 2,3 MW und einem 500 kW Elektrolyseur. Wenn in Spitzenzeiten überschüssiger Windstrom anfällt, speichert das Hybridkraftwerk diesen in Form von Wasserstoff. Zur Rückverstromung dienen zwei Blockheizkraftwerke, die mit einem Gemisch aus Wasserstoff und Biogas betrieben werden. Der Wasserstoff wird allerdings, nach vorheriger Methanisierung, auch ins Erdgasnetz eingespeist. Bei der Methanisierung wird künstliches Erdgas (CH_4) unter Einsatz von Wasserstoff und Kohlendioxid (CO_2), beziehungsweise -monoxid (CO) hergestellt. Dies bringt uns zum Thema Erdgasnetz. Während der Bau der Stromtrassen, die den Windstrom von der stürmischen Nordsee in den von

Flauten geplagten Süden Deutschlands bringen sollen, einfach nicht vorangehen will, denken die politisch Verantwortlichen mittlerweile endlich daran, dass wir in unserem Land bereits ein bestehendes Netz haben, das dieses Werk problemlos vollbringen könnte. Selbst reiner Wasserstoff könnte hier eingespeist werden. Wasserstoff in unseren Gasleitungen – kann das funktionieren? Zur Beantwortung dieser Frage lohnt eine Rückschau in die Mitte des 19. Jahrhunderts. Als *Homo industrialis* noch in seinen Kinderschuhen steckte, entdeckte er das sogenannte Stadtgas für sich. Das giftige Gebräu bestand aus verschiedenen Gasen, die bei der Kohlevergasung entstanden. Jedes Gaswerk mixte seine eigene Rezeptur. Bis in die 1970er-Jahre diente es in Straßenlaternen als Leuchtmittel, Hausfrauen kochten darauf und Selbstmörder brachten sich damit um. Stadtgas bestand in der Regel zu über 50 Prozent aus Wasserstoff.

Werfen wir noch einen Blick auf die eingangs erwähnten Wasserstoffstrategien. Sie sollen den Markthochlauf der neuen Technologien gestalten, Projekte anstoßen und final begleiten. Als dieses Buch 2019 in seiner ersten Fassung unter dem Titel »Das Supermolekül« auf den Markt kam, nahm ich mir die Freiheit, es – versehen mit einem handschriftlich verfassten Anschreiben – einer Handvoll von Spitzenpolitikern verschiedener Parteien zukommen zu lassen. Der Grüne Anton Hofreiter ließ höflich zurückschreiben, er habe es lesen lassen und halte Elektroautos dem zu Trotz dennoch für die bessere Lösung. Die Linken, Sarah Wagenknecht und Oskar

Lafontaine, antworteten immerhin persönlich, bedankten sich und versprachen, das Buch ganz oben auf ihre zu lesende Bücherliste zu setzen. Der Ministerpräsident Bayerns, CSU-Mann Markus Söder, hielt es nicht für nötig, mir zu danken. Aber einen knappen Monat, nachdem ich ihm mein Buch geschickt hatte, hatte der damalige BMW-Chef Harald Krüger anscheinend auf einmal keinen Bock mehr auf seinen Posten und ließ verkünden, er wolle »sich beruflich neu orientieren«. Wer allerdings das Buch genau gelesen hatte und mir persönlich zurückschrieb, war die damalige CDU-Chefin und frisch gebackene Verteidigungsministerin Annegret Kramp-Karrenbauer (AKK). In ihrem ausführlichen und meine Arbeit als Autor außerordentlich schmeichelnden Antwortbrief schreibt sie neben allerlei Artigkeiten zu Klimaschutz und Technologieoffenheit folgende interessante Sätze: »Es lohnt sich insgesamt voranzugehen, ohne die internationale Perspektive zu vernachlässigen. Hierzu haben Sie interessante Aspekte geliefert, wie Wasserstoff geopolitische Perspektiven verändern kann.«

Dieser Wandel im Kopf dürfte der obersten CDU-Chefin, der damaligen Kanzlerin Angela Merkel, nicht gefallen haben. Es ist anzunehmen, dass sich selbst bei den Granden der Union daraufhin der Wasserstoffgedanke mehr und mehr gegen das Verharren im Fossilsumpf durchsetzte. Immerhin schrieb AKK in ihrem Brief an mich, in ihrer Art, die in etwa so sperrig ist wie ein T4-Wasserstoff-Drucktank: »Gerade wir in Deutschland sind stark in Systemlösungen. Wenn wir

Energie- und Mobilitätssysteme entwickeln, die das Klima schützen, akzeptiert werden und wirtschaftlich sind, kann das eine Quelle unseres zukünftigen Wohlstands – auch durch Export – sein (…).« Der Exkanzlerin und Erbauerin der Nord-Stream-Pipelines war es gelungen, mit Hilfe der billigen russischen Fossilenergie, in Verein mit jenem Wirtschaftssystem aus der Zeit des Absolutismus, in dem gnadenlos Industrie und Außenhandel gefördert werden, dem Merkantilismus, die Deutschen zu einer Art Oligarchenvolk zu machen, das lange Zeit gar nicht mehr wusste, wohin mit all seinem Reichtum. Sie muss damals geahnt haben, dass ihre Macht ihren Zenit überschritten hatte. Sie würde die Energierevolution nicht viel länger ausbremsen können und verabschiedete sich lieber aus der Politik, als von den Ereignissen in deren Folge fortgeschwemmt zu werden. Ihre Kadavertreue zum Fossil-Zar Putin, aus der heraus sie unter anderem 2008 den NATO-Beitritt der Ukraine torpedierte, war wie so vieles andere nicht mehr zu halten. Bevor sie abtrat, war AKK längst im Mülleimer der Geschichte verschwunden. Kaum war auch Angela Merkel weg vom Fenster, begann bekanntermaßen Wladimir Putin wie wild in der Ukraine um sich zu schlagen, in seiner Verzweiflung darüber, dass all seine Schätze an Erdgas, Erdöl, Kohle und Uran in Folge der Wasserstoffrevolution in naher Zukunft nichts mehr wert sein werden.

Anders als das heutige Russland wird Deutschland nicht im Wesentlichen von einer einzigen Person beherrscht – auch wenn dies zeitweise anders schien. Diejenigen politischen

Köpfe in der Regierung, die wirtschafts- und geopolitische Weitsicht besaßen, schlossen sich den Gedankengängen AKKs an und ersannen die »Nationale Wasserstoffstrategie«.[1] Manch einem wird es bei diesem Wortgebilde eiskalt den Rücken herunterlaufen. Der Begriff »National« hat mit Blick auf unsere Geschichte einen äußerst faden Beigeschmack. Im Juni 2020, als die Corona-Pandemie zu Hochformen auflief, wurde die »Nationale Wasserstoffstrategie« publik gemacht – und fand entsprechend wenig mediale Beachtung. Das gewaltige Budget von 9 Milliarden Euro, mit dem diese Strategie gestützt werden soll, verblasste angesichts der exakt selben Summe, mit der der Fossil-Dinosaurier Lufthansa vor der Pleite bewahrt wurde.

Man braucht nicht lange zu suchen und findet in der Nationalen Wasserstoffstrategie den »Potenzialatlas Afrika«. In bester Kolonialistenmanier wird darin geschaut, wie der Nachbarkontinent in Sachen H_2 zur Ausbeutung taugt. Wer will, kann auf der interaktiven Karte ein wenig den Wasserstoffpionier im Tropenhelm spielen und auf der Atlaskarte sozioökonomische Indikatoren abfragen, die Eignung der einzelnen Landstriche und Küstengebiete für On- und Offshore-Windkraft oder »Freiflächen-Solarparks« (was auch immer damit gemeint sein mag …) oder das verfügbare Grundwasser (!).

Natürlich gönne ich den Afrikanern von ganzem Herzen den Eintritt in die Wasserstoffwelt der Zukunft. Gigantische Wasserstofffabriken in den Regenwaldgebieten und

Savannen von beispielsweise Ghana, Hotspots der Artenvielfalt, die heute schon um das schiere Überleben kämpfen und wahnsinnig viel Druck aus Siedlung und Landwirtschaft ausgesetzt sind, sehe ich hingegen mehr als kritisch. Zudem bin ich überzeugt, dass nur sehr wenige der Einwohner Westafrikas von der Existenz dieser ominösen, interaktiven Karte überhaupt wissen und Deutschlands nationale Strategie mithin komplett über ihre Köpfe hinweg plant. Ein Umstand, der, angesichts der durch übelste Verbrechen gekennzeichneten kolonialen Vergangenheit, dort von der allergrößten Mehrheit als äußerst beunruhigend empfunden werden dürfte.

Wenn die Wasserstoffstrategie schon so »national« sein soll, warum sieht sie dann nicht vor, erst einmal so gut wie möglich die heimische Sonne, die auf unsere Dächer, unsere Autobahnen und unsere Brückenbauwerke scheint, in Form von Wasserstoff einzufangen, bevor man die Sonnenenergie mühsam von Übersee heranschafft? Eine ehrliche Antwort auf diese Frage dürfte auch hier darin liegen, dass die Konzerne hinter den H_2-Strategen die Dezentralisierung der Energieerzeugung im Verein mit ihrer Speicherung fürchten wie der Teufel das Weihwasser. Wenn auf einmal jedes Haus, jede Gemeinde, jeder Stadtteil zum Stromerzeuger und Wasserstofflieferanten wird, mutiert die Kundschaft zur Konkurrenz.

Hier ist Lobbyarbeit gefragt! Wer wissen will, wie die Gesichter dahinter aussehen, der werfe einen Blick auf die Mitglieder des »Nationalen Wasserstoffrats«. Hier finden sich, mit ihren jeweiligen Vertretern, Thyssen-Krupp, Daimler und Siemens Energie ebenso wie die LOHC-Peter-Wasserscheid-Uni Erlangen. Für das grüne Deckmäntelchen sorgen unter anderem der BUND und das Ökoinstitut. Die Industriegewerkschaft *Bergbau, Chemie, Energie* ist genauso vertreten wie der Gaskonzern Linde und das Fraunhofer Institut für Windenergiesysteme. Die Liste ließe sich noch ein wenig fortführen. Man kann sich also ungefähr vorstellen, wer hinter den Kulissen die Fäden zieht und die Politikerpuppen in die gewünschten Richtungen lenkt. Gewählte Volksvertreter sind im Nationalen Wasserstoffrat anscheinend nicht vorgesehen. Wir reden also auch hier leider von Lobbykratie in ihrer Reinstform. Dabei hätte grüner Wasserstoff natürlich absolut das Zeug dazu, ein sehr demokratischer Energielieferant zu sein. Man kann ihn, wie gesagt, überall dort herstellen, wo die Sonne scheint oder der Wind weht. Von dieser Eigenschaft kann und muss die Gesellschaft in breiter Masse profitieren. Hier stehen uns in den kommenden Jahren wohl noch einige Diskussionen ins Haus. Die Wasserstoffstrategen der Zukunft täten gut daran, das nationale Dünkel genauso über Bord zu werfen wie den zutiefst korrupten Lobby-Klüngel und sich auf unsere eigentlichen, einer Demokratie würdigen, Werte zu besinnen. Wir brauchen, mit anderen Worten, also anstelle der nationalen eine demokratische Wasserstoffstrategie.

Stattdessen marschiert die »nationale« H_2-Wirtschaft erst einmal in Namibia, dem ehemaligen Deutsch Südwest-Afrika, ein, wo es begonnen hat, ausgerechnet in einem Nationalpark eine gigantische Fabrik für grünen H_2 zu erbauen, der durch Wind- und Sonnenergie erzeugt werden soll. Wie erwähnt, halte auch ich die Herstellung von Wasserstoff mit Wüstensonne für eine gute Sache. Auch muss man ja schließlich irgendwo mal anfangen, richtig viel Wasserstoff in die Energierevolution zu pumpen, um die Dinge in Schwung zu bringen. Den grünen H_2 aus Namibia soll es für 1,50 € pro Kilo geben – billig also. Dennoch finde ich im Fall von Lüderitz, dass die Wasserstoffnationalen angesichts einer solchen Symbolik unsensibler eigentlich kaum hätten vorgehen können. Immerhin jedoch haben die H_2-Strategen Deutschlands in weiser Voraussicht dafür gesorgt, dass alle neuen Terminals, die für Flüssiggasimporte im Angesicht des russischen Angriffs auf die Ukraine nun buchstäblich aus dem Boden gestampft werden, beziehungsweise ihre schwimmenden Gegenstücke auf dem Wasser, mehr oder weniger Wasserstoff-ready sind, also in der Lage, nach der Übergangsgeschichte Flüssiggas, am Schluss die grünen Wasserstoffimporte aufzunehmen und weiterzuleiten. Das Streben nach einem Ende der energetischen Abhängigkeit von Russland beschleunigt also über den Umweg Flüssiggas, den Ausbau einer wasserstofftauglichen Infrastruktur.

Selbstverständlich gibt es nicht nur in Deutschland H2-Strategen. Ein Blick auf Asien lohnt sich. Japan und Südkorea haben beide offiziell bereits den Weg in die Wasserstoffgesellschaft angetreten. Auch China sieht seine Zukunft in

Wasserstoff und betreibt bereits mehr als 1000 Stadtbusse mit Brennstoffzellen. Indien will zwar noch bis 2080 (!) an der heimischen Kohle als Brennstoff festhalten. Dennoch beabsichtigen sie ganz groß ins Geschäft mit H_2 einzutreten. Die Produktionskosten sollen dabei bei unter einem Euro pro Kilo liegen, also die Preisvorstellungen von Namibia noch einmal deutlich unterbieten. Auch im arabischen Raum sieht man das Ende des Fossilgeschäfts nahen und nutzt die gigantischen finanziellen Reserven, um beim Wasserstoffgeschäft der Zukunft die Nase vorn zu haben. Als Wirtschaftsminister Habeck im März 2022, also kurz nach Putins Überfall auf das friedliche Nachbarland, auf Energie-Shopping-Tour ging, wurden zwischen den Vereinigten Arabischen Emiraten und Deutschland vier Wasserstoffkooperationen und eine Forschungskooperation unterzeichnet. Selbst die alte Fossil-Sau USA tüftelt an einer Strategie, mit der Wasserstoffrevolution umzugehen. Gleiches gilt für den weltweit größten Kohleexporteur Australien, das zur Wasserstoff-Supermacht werden will und im Bundesstaat New South Wales Milliardenbeträge in die Hand nimmt, um die Umstellung zu stemmen.

Wohin geht die Reise?

»Wer von Anfang an genau weiß, wohin sein Weg führt, wird es nie weit bringen.«

Napoléon Bonaparte

Beziehungsweise wie sollte die Reise in die Wasserstoffwelt der Zukunft am besten ablaufen, damit wir alle von ihr profitieren? Welche Probleme werden aller Voraussicht nach auf uns zukommen, sobald sich eine globale Wasserstoffgesellschaft einmal etabliert hat? Wo liegen die Schwierigkeiten der Etappe? Welche Details bieten welche Chancen? Dies sind interessante Fragen, über die nachzudenken sicherlich lohnend ist. Immerhin geht es bei der Wasserstoffrevolution ja um nichts weniger als, *Homo sapiens sapiens*, oder besser *Homo industrialis*, nach den bahnbrechenden Erfindungen des Rads und des Computers, auf eine neue Stufe der Entwicklung zu stellen. Nähern wir uns dem Thema also philosophisch und kommen zuallererst zu dem Größten der Probleme, die das Perpetuum mobile Namens »Grüner Wasserstoff« ökonomisch mit sich bringen wird: die Entwertung von Energie. – Mit anderen Worten, die Energie-Inflation, die auf lange Sicht wird eintreten müssen, wenn die Menschheit demnächst konsequent die Kräfte von Wind, Sonne und Wasser, also die Urkräfte der Natur, nutzt, um mit ihnen allerorten das Feuer des Wassers auflodern zu lassen, in dessen Verlauf aus Wasserstoff wieder Wasser wird. Wer jemals einen Taschenrechner mit Solarbetrieb in den Händen gehalten hat, weiß, was ich meine. Energie ist auf einmal etwas, das einfach da ist. Bereits heute werden in Indien Produktionskosten von einem Euro pro Kilo Wasserstoff angepeilt. – Wohlgemerkt, mit einem Kilo H_2 fährt ein schwerer Geländewagen mit heutiger, immer noch in den Kinderschuhen steckenden Brennstoffzellen-Technik 100 Kilometer. Dies gilt im Übrigen auch für die Herstellung von Elektrolyseuren. Schon heute sind sich Experten einig, dass die in naher Zukunft im Zuge der Massenproduktion so billig sein werden, dass man ihre Herstellung als lohnendes Geschäftsmodell in Frage stellen kann. Also suchen die Unternehmen, wie ich ebenfalls bereits erwähnt habe, nach erweiterten Gesamtkonzepten, die neben der Produktion von Elektrolyseuren auch gleich die Produktion von Wasserstoff vorsehen, der beispielsweise dann in einer eigenen Fahrzeugflotte zum Einsatz kommt, welche wiederum den Kunden als Komplett-Mobilitätslösung angeboten wird. Autonome, mit Wasserstoff fahrende Autos werden uns höchstwahrscheinlich in naher Zukunft von A nach B transportieren, ohne dass wir mit etwas Anderem bezahlen als unseren Daten – ganz nach dem Business-Ideal der großen Tech-Konzerne wie Google oder Facebook. (Wer solche Flotten massenhaft zum Einsatz bringen will, für den ist Zeit Geld. – Lange Ladezeiten für Batterien schlagen also negativ ins Kontor.)

Denkbar ist ebenfalls, dass die bereits heute sich bildenden Wasserstoffkartelle, mitsamt ihren Marionetten in der Politik, die Preise für Wasserstoff dem Endabnehmer künstlich hochhalten. Bei den endlichen Energiequellen Kohle, Öl und Gas hat es ja immerhin sehr viele Jahre super geklappt. Es ist jedoch fraglich, wie lange ein solches Verhalten bei unendlichen Energien gut gehen wird.

Schwierigkeiten in der Etappe hingegen zeigen sich, wie wir gesehen haben, bei den Dinosauriern der alten Energien, die sich schmarotzerisch an den revolutionären Wandel des Energiegeschäfts zu hängen versuchen, um ihn, wo es geht, auszubremsen und, wo dies nicht mehr geht, trotzdem irgendwie mitgenommen zu werden in die Wasserstoffgesellschaft von morgen. Dafür lassen sie dann ihre Marionetten, wie den französischen Präsidenten Macron, den deutschen Bundeskanzler Scholz oder die Vorsitzende im Rat der Europäischen Union Ursula von der Leyen, für sich tanzen und so absurde Dinge zum Beschluss bringen, Erdgas und Atomstrom als »grüne« Energien zu klassifizieren. Auch die Förderung von LOHC spielt, wie wir gesehen haben, in dieser Liga. Gleiches gilt natürlich für die Fahrt in die Sackgasse mit dem Akku-Auto.

Dabei gilt: In der Wasserstoff-Branche herrscht Goldgräberstimmung. Den technischen Innovationen scheinen keine

Grenzen gesetzt zu sein. Vieles geht in die richtige Richtung. Wer bremst, wird abgehängt werden bei der Jagd nach dem Erdöl der Zukunft. Die Chancen der Wasserstoffrevolution sind gewaltig. Künftig kann praktisch im abgelegensten Winkel der Erde ein speicherfähiger Energieträger produziert werden. Das dezentrale Potential, das die Wasserstofferzeugung bietet, kann jedoch erst dann bestmöglich ausgenutzt werden, wenn sie einhergeht mit einer deutlichen Deregulierung des Energiegeschäfts. Kleine und mittelständische Unternehmen sind heute die treibende Kraft hinter H_2. Deren innovative Kraft gilt es zu fördern, statt sie im behördlichen Hick-Hack zu brechen. Dann werden entlang der Wertschöpfungskette, die Wasserstoff bietet, viele gute Jobs entstehen und bis zum Einsetzen der Energie-Inflation wird sicherlich eine Menge Geld gescheffelt werden.

Schlussendlich wird die Frage sein, was die Menschheit anstellen wird mit all dieser sauberen Energie. Werden wir mit ihr glücklicher sein? Werden wir weniger arbeiten müssen? Werden wir mit ihr die Wüsten begrünen, den Hunger besiegen und die Kriege beenden? Werden wir den Planeten retten? Werden wir die Probleme, die wir uns durch Technisierung an den Hals gehängt haben, durch Technik auch wieder los? Oder wird die Energie in der Eitelkeit fliegender Autos und abgehobener Robotik verpuffen? Das Unfug-Potential, das ein Perpetuum mobile bietet, ist natürlich genauso gigantisch wie seine Chancen. Die kommenden Jahre und Jahrzehnte werden es zeigen.

Dank

Mein Dank geht an Ingeborg Dorchenas, Gregor Neumann, Torsten Neugebauer, Tom Koch, Niklas Drechsler, Axel Rücker, Prof. Peter Wasserscheid, Prof. Matthias Rögner, Michael Friedrich, Sven Jösting, Nikolaus Schües und Jürgen Fuhrländer, deren Mithilfe und Kooperation dieses Buch erst möglich gemacht haben.

Anmerkungen

Die Wasserstoffrevolution

1 Marcel Sommer: »VW-Autos im Wert von 200 Millionen Euro verloren«, in: Auto Motor Sport, 02.02.2022, online unter: www.auto-motor-und-sport.de

2 Ukraine verstehen: »Grüner Wasserstoff aus der Ukraine: Derzeitige Kapazität und künftiges Potential«, 31.03.2022. online unter: www.ukraineverstehen.de

Klima, Krieg und Biodiversität

1 Timm Koch: *Herr Bien und seine Feinde*, Westend Verlag 2018.

2 Tagesspiegel: »Grönland-Reise: Merkel wirbt für Klimaschutz«, 17.08.2007, online unter: www.tagesspiegel.de

3 Siehe: Timm Koch: *Lasst uns Paradiese pflanzen!*, Westend Verlag, 2021.

4 Quarks: »Hitzewellen oder Dauerregen. Seit wann das Wetter aufgezeichnet«, 16.11.2018, online unter: www.quarks.de

5 Frank Pubantz: »Gazprom spricht von Nord Stream 3«, in: Ostsee Zeitung, 20.05.2019, online unter: www.ostsee-zeitung.de

6 Jörg Staude: »Atomkraft und Erdgas sollen grüne Energien sein«, in: Klimareporter, 06.07.2022, online unter: www.klimareporter.de

7 Marc von Lübke, Florian Harms: »Star-Historiker Niall Ferguson ›Ein gewaltiger Flüchtlingsstrom wird nach Europa kommen‹«, in: t-online, 03.11.2021, online unter: www.t-online.de

Weltenbrand

1 Philoclopedia: »Empedokles«, online unter: www.philoclopedia.de
2 Scheuermann: Praxishandbuch Brandschutz, 2016, online unter: www.arbeitssicherheit.de
3 Prof. Dr. med. Volker Faust: »Krankhafte Brandstiftung«, online unter: www.psychosoziale-gesundheit.de

Die Visionen des Jürgen Fuhrländer

1 Der Nordschleswiger: »Rekord-Entschädigungen für Phantomstrom«, 28.04.2021, online unter: »www.nordschleswiger.dk
2 Arne Jungjohann, Stefanie Groll und Lili Fuhr: »Preisgestaltung: Verdeckte Subventionen, offene Rechnungen«, 2015, online unter: www.boell.de
3 Sascha Karberg und Ralf Nestler: »Offshore-Windkraftanlagen: Vogelfallen auf hoher See«, in: Tagesspiegel, 15.06.2015, online unter: www.tagesspiegel.de

Der Stoff, aus dem die Wasser sind

1 Wolfgang Göbel: *Friedrich August Kekulé. Biographien hervorragender Naturwissenschaftler, Techniker und Mediziner*, Bd. 72, Leipzig 1984.
2 Berichte der durstigen chemischen Gesellschaft, Unerhörter Jahrgang, Nr. 20 zum 20.09.1886.
3 Shell Wasserstoffstudie: »Wasserstoff – Energie der Zukunft?«, 2017, online unter: www.shell.de
4 Die Chemie-Schule: »Carl Bosch«, online unter: www.chemie-schule.de
5 Otto Köhler: *...und heute die ganze Welt. Die Geschichte der IG Farben und ihrer Väter*. Köln 1989, S. 214.
6 Diane Helscher und Werner Eckert: »Künstliche Sonne: Bau des Kernfusionsreaktors Iter – Strom vielleicht ab 2050«, in: Deutschlandfunk Nova, 03.08.2020, online unter: www.deutschlandfunknova.de

Farbenspiele

1 Hydrogen Central: »When Will Ukraine Benefit from its Green Hydrogen Potential?«, in: Hydrogen Central, 14.01.2022, online unter: www.hydrogen-central.com

Abheben

1 G. Daniel Brewer: *Hydrogen Aircraft Technology*, Boca Raton, Florida, 1991.

2 Heinz Arnold: »Airbus steigt in die Wasserstoff-Wirtschaft ein«, in: Smarter World, 14.03.2022, online unter: www.smartworld.de

3 Beat Balzli: »Podcast Chefgespräch: Volocopter-Chef Reuter: ›Wasserstoff spielt bei unseren Plänen eine große Rolle‹«, in: WirtschaftsWoche, 16.10.2020, online unter: www.wirtschaftswoche.de

Kraft aus der Ursuppe

1 Die Grafik wurde bereitgestellt von Prof. Dr. Matthias Roegner: Lehrstuhl für Biochemie der Pflanzen, Ruhr-Universität Bochum.

Die Brennstoffzelle

1 Die Brennstoffzelle.de: »Die Geschichte der Brennstoffzelle«, online unter: www.diebrennstoffzelle.de

2 Prof. Dr. Jochen Fricke: »Ammoniak – ein idealer Wasserstoff-Speicher. Eine interessante Alternative zum Elektroantrieb?«, in: Bayern Innovativ, Oktober 2018, online unter: www.bayern-innovativ.de

3 Carina Dietze: »Brennstoffzelle versagt: Forscher finden einen ganz anderen gravierenden Vorteil«, in: E-Fahrer, 10.02.2022, online unter: www.efahrer.chip.de

Wasserstoffhäuser

1 Die Grafik wurde bereitgestellt von HPS Home Power Solutions AG, www.homepowersolutions.de

2 Baden-Württemberg.de: »Photovoltaik-Pflicht für alle neuen Wohngebäude ab 1. Mai«, 31.03.2022, online unter: www.baden-wuerttemberg.de

Batterie oder Wasserstoff – Welches Auto macht das Rennen?

1 Patrick George: »Elon Musik Says Hydrogen Fuel Cell Cars Are ›Bullshit‹«, in: Jalopnik, 22.10.2013, online unter: www.jalopnik.com
2 Future Zone: »VW-Chef Diess warnt vor Wasserstoff-›Scheindebatte‹«, 25.05.2021, online unter: www.futurezone.at
3 Jan Keuchel und Volker Votsmeier: »Talkshow-Auftritt von VW-Chef Diess hat juristische Folgen«, in: Handelsblatt, 08.07.2019, online unter: www.handelsblatt.com
4 Tobias Stahl: »Elektro predigen, Wasserstoff saufen: Arbeitet VW geheim an der H2-Revolution?«, in: EFahrer.com, 22.04.2022, online unter: www.efahrer.chip.com

Wie man die Energiewende bestmöglich vermasselt

1 Martina Lenzen-Schulte und Maren Schenk: »Windenergieanlagen und Infraschall: Der Schall, den man nicht hört«, in: Ärzteblatt, Juli 2019, online unter: www.aerzteblatt.de
2 Lars Schwichtenberg: »Autobahnen mit Solardach: Nachbarland macht ernst«, in: EFahrer.com, 08.02.2022, online unter: www.efahrer.chip.com

Gas geben mit Wasserstoff

1 Statista: »Anteil der Verkehrsträger an den weltweiten CO_2-Emissionen aus der Verbrennung fossiler Brennstoffe in den Jahren 2018 und 2019«, 18.07.2022, online unter: www.de.statista.com
2 GMTN Fachartikel Nr. 1 – Januar 2018, online unter: www.gifa.de
3 Siehe: www.keyou.de
4 E-mobil BW GmbH: »Systemvergleich zwischen Wasserstoffverbrennungsmotor und Brennstoffzelle im schweren Nutzfahrzeug«, in: e-mobil BW, Juli 2021, online unter: www.e-mobilbw.de
5 Siehe: www.keyou.de
6 H2 LIVE: »H2 tanken. Wasserstoffmobilität beginnt jetzt«, Stand: Juli 2022, online unter: www.h2.live

7 Michael Schmatloch: »Der sinnlose Traum von der elektrischen Zukunft«, in: Ingolstadt Today, 12.11.2019, online unter: www.ingolstadt-today.de
8 Michael Schmatloch: »Die E-Mobilität ist reiner ›Industrieselbstmord‹«, in: Ingolstadt Today, 23.12.2019, online unter: www.ingolstadt-today.de

Dieselkriminelle auf Abwegen

1 Siehe: www.vaf-emobilitaet.de

Hambi und die Hybris

1 Hambi bleibt: »Nicht nur rechtswidrig – Die Hambi-Räumung mit Toten und Verletzten war politisch gewollt«, 08.09.2021, online unter: www.hambacherforst.org
2 Siehe: Timm Koch: *Lasst uns Paradiese pflanzen!*, Westend Verlag, 2021.

Grüner Stahl

1 Andrea Hoferichter: »Abschied vom Hochofen«, sz.de 02.01.2019.
2 WELT: »Minister Habeck: Grüner Stahl ›Geschäftsmodell der Zukunft‹«, 22.02.2022, online unter: www.welt.de

Elektrolyse und Plasmalyse

1 E. Hausmann, © 1976 Verlag Chemie, GmbH
2 Ralph Diermann: »Salzgitter AG erreicht mit Hochtemperatur-Elektrolyseur von Sunfire Wirkungsgrad von 84 Prozent«, in: pv magazine, 20.04.2022, online unter: www.pv-magazine.de
3 Nadja Podbregar: »Wasserstoff aus Meerwasser. Neues Elektrolyse-System ermöglicht effiziente Wasserspaltung mit Salzwasser«, in: scinexx, 21.03.2019, online unter: www.scinexx.de

Der Tank

1 EMCEL Ingenieurbüro für Brennstoffzelle, Wasserstofftechnologie und Elektromobilität: »Wasserstoffdruckbehälter: Welche

Druckbehälter-Typen gibt es?«, 16.06.2020, online unter: www.emcel.com

2 NPROXX: »Neuer NPROXX Wasserstofftank verfügbar«, 15.02.2019, online unter: www.nproxx.com

Wasserstoffstrategen, Sektorenkopplung und Power to X

1 Bundesministerium für Bildung und Forschung: »Nationale Wasserstoffstrategie: Grüner Wasserstoffträger als Energieträger der Zukunft«, 16.05.2022, online unter: www.bmbd.de

© Dirk Göttsche

Timm Koch hat Philosophie an der FU und Humboldt-Universität zu Berlin studiert, ist Autor und schreibt Drehbücher für Film und Fernsehen. Lange Jahre staunte er darüber, wie die enormen Potenziale des Wasserstoffs totgeschwiegen wurden, während man gleichzeitig Kriege um Erdöl führte, durch Fracking das Grundwasser ganzer Landstriche verseuchte und eine Verkehrswende auf der Grundlage umweltschädlicher Batterien einleitete. Mittlerweile sieht er den Wandel: Wasserstoff wird einen Megatrend generieren. Timm Koch lebt in Rheinbreitbach. Zuletzt erschien im Westend Verlag »Lasst uns Paradiese pflanzen!« (2021).